Sunil Gupta
Meena Tushir

Identificação e Controlo de Sistemas Não-Lineares por Modelos Fuzzy

Sunil Gupta
Meena Tushir

Identificação e Controlo de Sistemas Não-Lineares por Modelos Fuzzy

ScienciaScripts

Imprint

Any brand names and product names mentioned in this book are subject to trademark, brand or patent protection and are trademarks or registered trademarks of their respective holders. The use of brand names, product names, common names, trade names, product descriptions etc. even without a particular marking in this work is in no way to be construed to mean that such names may be regarded as unrestricted in respect of trademark and brand protection legislation and could thus be used by anyone.

Cover image: www.ingimage.com

This book is a translation from the original published under ISBN 978-3-659-85114-8.

Publisher:
Sciencia Scripts
is a trademark of
Dodo Books Indian Ocean Ltd. and OmniScriptum S.R.L publishing group

120 High Road, East Finchley, London, N2 9ED, United Kingdom
Str. Armeneasca 28/1, office 1, Chisinau MD-2012, Republic of Moldova, Europe
Printed at: see last page
ISBN: 978-620-3-59242-9

CONTEÚDO

RECONHECIMENTO

O trabalho de investigação contido neste livro é o resultado da inspiração e do encorajamento dados por muitas pessoas, para as quais estas palavras de agradecimento são apenas um sinal da minha gratidão e apreço.

Gostaria de expressar a minha enorme gratidão e imenso respeito ao Dr. S Chatterji, Prof. e Diretor do Departamento de Engenharia Eléctrica, NITTTR Chandigarh, pela sua valiosa orientação, encorajamento constante e crítica construtiva, que permitiram que este manuscrito assumisse a forma atual. A sua natureza devotada ao trabalho construtivo e a sua atitude progressiva encorajaram-me a empreender esta tarefa e a terminá-la dentro do prazo estipulado.

Tenho o privilégio de expressar a minha sincera gratidão à Sra. Meena Tushir, Professora Associada (HOD), Departamento de Engenharia Eléctrica e Eletrónica, MSIT, Janak Puri, Nova Deli, pelos seus conselhos especializados e sugestões valiosas.

Gostaria também de agradecer a todos os professores e membros do pessoal do Departamento de Engenharia Eléctrica do NITTTR de Chandigarh que me ajudaram, de tempos a tempos, a concluir com êxito este trabalho exigente.

Estou grato a todos os professores e funcionários do Departamento de Engenharia Eléctrica e Eletrónica do Maharaja Surajmal Institute of Technology, Janak Puri, Nova Deli, pelo seu apoio em várias fases do meu programa de licenciatura. Obrigado a todos!!!

Este reconhecimento ficará incompleto se não expressar a minha gratidão aos meus pais, à minha mulher Alka Gupta, ao meu filho Aarush Gupta, bem como a toda a minha família, amigos e parentes pelo seu maravilhoso amor e apoio, que me mantêm motivado para perseguir aspirações mais elevadas na vida.

Obrigado a todos!!!

Sunil Gupta

RESUMO

Entre as diferentes técnicas de modelação difusa, o modelo Takagi-Sugeno (TS) é o que tem atraído mais atenção. Este modelo consiste em regras "se - então" com antecedentes difusos e funções matemáticas na parte consequente. Os conjuntos fuzzy antecedentes dividem o espaço de entrada num certo número de regiões fuzzy, enquanto a função consequente tem uma relação linear ou não linear das entradas no espaço de saída. Em primeiro lugar, o espaço de entrada é particionado utilizando um algoritmo de agrupamento difuso. Também não existe uma abordagem generalizada para a determinação de um conjunto de regras ótimo; o agrupamento pode ser utilizado para determinar o número ótimo de regras a partir das posições centrais no hiperespaço de entrada-saída, com base na otimização de uma determinada função objetivo.

O FCM Clustering foi utilizado para particionar os dados de entrada-saída e para determinar o número de regras. Assumindo uma função de filiação gaussiana para as partes da premissa, é utilizada a técnica Gradient Descent para atualizar os seus parâmetros. O desempenho do modelo foi testado no problema de referência da identificação de dados não lineares de uma fábrica e num problema de dados reais que é um modelo de controlo de uma fábrica de produtos químicos por um operador.

Os controladores lineares (P, PI e PID) são muito utilizados nas instalações industriais. No entanto, em muitos casos, o controlador linear já não funciona e tem de ser substituído por um operador humano. Um dos pontos fortes da abordagem de controlo difuso é permitir a integração desta experiência humana no controlador. O controlador difuso proporciona estabilidade ao sistema sob controlo e assegura a robustez em relação às alterações dos parâmetros do sistema. O desempenho do controlador difuso Feed forward foi testado com dados artificiais.

CAPÍTULO I

1.1 Introdução

Um sistema é composto por grupos de actividades que interagem ou se inter-relacionam regularmente. No sentido mais geral, sistema significa uma configuração de partes ligadas e unidas por uma teia de relações. Todos os sistemas, sejam eles eléctricos, biológicos ou sociais, têm padrões, comportamentos e propriedades comuns que podem ser compreendidos e utilizados para desenvolver uma melhor compreensão do comportamento de fenómenos complexos e para nos aproximarmos de uma unidade da ciência. Os sistemas adaptativos complexos são casos especiais de sistemas complexos. São complexos na medida em que têm uma natureza diversa e são constituídos por múltiplos elementos interligados e são adaptativos na medida em que têm a capacidade de mudar e de aprender com a experiência.

A engenharia de sistemas é uma abordagem interdisciplinar e um meio utilizado para permitir a realização e a implantação de sistemas bem sucedidos. Pode ser vista como a aplicação de técnicas de engenharia à engenharia de sistemas, bem como a aplicação de uma abordagem de sistemas aos esforços de engenharia. A engenharia de sistemas integra outras disciplinas e grupos especializados num esforço de equipa, formando um processo estruturalmente desenvolvido que vai do conceito à produção, à operação e à eliminação. Os sistemas podem ser classificados em dois grupos: (i) Sistema linear (ii) Sistema não linear. Estes são abordados de seguida:

1.1.1   Sistema Linear

Um **sistema linear** é um modelo matemático de um sistema baseado na utilização de um operador linear. Os sistemas lineares apresentam normalmente caraterísticas e propriedades muito mais simples do que o caso geral, não linear. Como abstração ou idealização matemática, os sistemas lineares encontram aplicações importantes na teoria do controlo automático, no processamento de sinais e nas telecomunicações. Um sistema determinístico geral pode ser descrito pelo operador H que mapeia uma entrada $x(t)$ em função de t para uma saída $y(t)$, um tipo de caixa negra descrição. Os sistemas lineares satisfazem as propriedades de sobreposição e de escalonamento: dadas duas entradas válidas

$$x_1(t)$$
$$x_2(t)$$

as well as their respective outputs

$$y_1(t) = H\{x_1(t)\}$$
$$y_2(t) = H\{x_2(t)\}$$

Então um sistema linear deve satisfazer $ay_1(t) + \beta y_2(t) = H\{ax_1(t)\} + H\{\beta x_2(t)\}$ para quaisquer valores escalares a e β.

O comportamento do sistema resultante sujeito a uma entrada complexa pode ser descrito como uma soma de respostas a entradas mais simples. Esta propriedade matemática torna a solução das equações de modelação mais simples do que muitos sistemas não lineares. Para sistemas invariantes no tempo, esta é a base dos métodos de resposta ao impulso ou de resposta em frequência, que descrevem uma função de entrada geral $x(t)$ em termos de impulsos unitários ou componentes de frequência.

As equações diferenciais típicas de sistemas lineares invariantes no tempo são bem adaptadas à análise utilizando a transformada de Laplace no caso contínuo e a transformada Z no caso discreto (especialmente em implementações informáticas). Outra perspetiva é a de que as soluções para sistemas lineares compreendem um sistema de funções que se comportam como vectores no sentido geométrico. Uma utilização comum dos modelos lineares consiste em descrever um sistema não linear por linearização. Isto é normalmente feito por conveniência matemática.

1.1.2   Sistema Não-Linear

Em matemática, um **sistema não linear** é um sistema que não é linear por natureza, ou seja, um sistema que não satisfaz o princípio da sobreposição. O comportamento do sistema resultante sujeito a uma entrada complexa não pode ser descrito como uma soma de respostas no caso de sistemas não lineares. Em termos menos técnicos, um sistema não linear é qualquer problema em que a(s) variável(eis) a resolver não pode(m) ser escrita(s) como uma soma linear de componentes independentes. Um sistema não-homogéneo, que é linear para além da presença de uma função das variáveis independentes, é não-linear de acordo com uma definição estrita, mas esses sistemas são normalmente estudados juntamente com os sistemas lineares, porque podem ser transformados num sistema linear desde que se conheça uma solução específica. Em geral, os problemas não lineares são difíceis (se possível) de resolver e são muito menos compreensíveis do que os problemas lineares. Mesmo que não seja exatamente solucionável, o resultado de um problema linear é bastante previsível, ao passo que o resultado de um problema não linear não o é por inerência.

Os problemas não lineares interessam aos físicos e matemáticos porque a maior parte dos sistemas físicos são, por natureza, não lineares. Os exemplos físicos de sistemas lineares não são muito comuns. As equações não lineares são difíceis de resolver e dão origem a fenómenos interessantes como o caos. O clima é um fenómeno não linear famoso, em que simples alterações numa parte do sistema produzem efeitos complexos em todo o sistema. Uma das maiores dificuldades dos problemas não lineares é o facto de, em geral, não ser possível combinar soluções conhecidas em novas soluções. Nos problemas lineares, por exemplo, uma família de soluções linearmente independentes pode ser utilizada para construir soluções gerais através do princípio da sobreposição. É frequentemente possível encontrar várias soluções muito específicas para equações não lineares; no entanto, a falta de um princípio de sobreposição impede a construção de novas soluções.

1.1.3   Não-Linearidades em Sistemas

A linearidade absolutamente perfeita não existe em nenhum sistema real. Há muitos tipos diferentes de não-linearidade, que existem em graus variáveis em todos os sistemas mecânicos, embora muitos sistemas reais se aproximem do comportamento linear, especialmente com pequenos níveis de entrada. Se um sistema não for perfeitamente linear, produzirá frequências na sua saída que não existem na sua entrada. Um exemplo disto é um amplificador estéreo ou um gravador de cassetes que produz harmónicas do seu sinal de entrada. A isto chama-se "distorção harmónica" e degrada a qualidade da música que está a ser reproduzida. A distorção harmónica piora quase sempre com níveis de sinal elevados. Um exemplo disso é um pequeno rádio que soa relativamente "limpo" em níveis de volume baixos, mas soa áspero e distorcido em níveis de volume altos.

Muitos sistemas são quase lineares em resposta a pequenas entradas, mas tornam-se não lineares a níveis mais elevados de excitação. Por vezes, existe um limiar definido em que os níveis de entrada apenas um pouco acima do limiar resultam numa não linearidade grosseira. Um exemplo disto é o "clipping" de um amplificador quando o nível do sinal de entrada excede a capacidade de oscilação da tensão ou da corrente da sua fonte de alimentação. Isto é análogo a um sistema mecânico em que uma peça é livre de se mover até atingir um batente, como uma caixa de rolamentos solta que se pode mover um pouco antes de ser parada pelos parafusos de montagem.

1.1.4   Porquê o controlo não linear?

Embora o controlo linear tenha um historial de aplicações industriais bem sucedidas, os investigadores e os projectistas de áreas tão vastas como as aeronaves e as naves espaciais, a robótica, o controlo de processos, a engenharia biomédica, etc., têm demonstrado recentemente um grande interesse no desenvolvimento e na aplicação de metodologias de controlo não linear. Foram dadas muitas justificações para este facto. Algumas delas são discutidas a seguir:

(i)   Os métodos de controlo linear baseiam-se no pressuposto fundamental de que a gama de funcionamento é pequena para que o modelo linear seja válido. Quando a gama de funcionamento necessária é grande, é provável que um controlador linear tenha um desempenho muito fraco ou seja instável, porque as não linearidades do sistema não podem ser devidamente compensadas. Os controladores não lineares, por outro lado, podem tratar diretamente as não linearidades no funcionamento numa gama alargada.

(ii)   Um pressuposto importante do controlo linear é que o modelo do sistema é de facto linearizável. No entanto, nos sistemas de controlo existem muitas não linearidades cuja natureza descontínua não permite uma aproximação linear. Estas chamadas "não linearidades duras" incluem factores como o atrito de coulomb, a saturação, as zonas mortas, a folga, a histerese, etc., e são frequentemente encontradas na engenharia de controlo.

(iii)   No projeto de controladores lineares, é necessário assumir que os parâmetros do modelo do sistema são razoavelmente bem conhecidos. No entanto, muitos problemas de controlo envolvem incertezas nos parâmetros do modelo. Isto pode dever-se a uma variação lenta dos parâmetros no tempo (por exemplo, a pressão atmosférica ambiente durante um voo de avião) ou a uma alteração abrupta dos parâmetros.

Assim, o tema do controlo não linear é uma área importante do controlo automático. A aprendizagem de técnicas básicas de análise e conceção de controlo não linear pode aumentar significativamente a capacidade de um engenheiro de controlo para lidar eficazmente com problemas práticos de controlo . Permite também uma melhor compreensão do mundo real, que é inerentemente não linear por natureza. O tema do projeto de controlo não linear para operações de grande alcance tem atraído particular atenção porque, por um lado, o advento de microprocessadores potentes tornou a implementação de controladores não lineares relativamente mais simples, ao mesmo tempo que a tecnologia moderna, como robôs de alta velocidade e alta precisão ou aeronaves de alto desempenho, etc., exige sistemas de controlo com especificações de projeto muito mais rigorosas.

1.2 Componentes da computação suave e IA convencional

A ciência evoluiu a partir da tentativa de compreender e prever o comportamento do universo e dos sistemas que o compõem. Grande parte desta evolução baseia-se na procura de modelos adequados, que estejam de acordo com as observações. Estes modelos apresentam-se sob a forma simbólica, que os seres humanos utilizam, e sob a forma matemática, que se encontra nas leis da física. A maioria dos sistemas é de natureza causal e pode ser classificada como estática, em que a produção depende das entradas actuais, ou dinâmica, em que a produção depende não só das entradas actuais, mas também das entradas e saídas passadas. Os sistemas podem também possuir inputs não observáveis, que não podem ser medidos mas que afectam a produção do sistema. Estes são conhecidos como perturbações que agravam o processo de modelação.

A teoria de controlo moderna tem tido um enorme sucesso em áreas onde os sistemas estão bem definidos, mas não tem conseguido lidar com os aspectos práticos de muitos processos e sistemas industriais, apesar do desenvolvimento de um enorme corpo de conhecimento matemático. Há, sem dúvida, muitas razões para isso, mas fundamentalmente é a falta de conhecimento estrutural detalhado dos processos e sistemas, inibindo incertezas paramétricas/estruturais e imprecisão, que impedem o uso do conhecimento disponível. Apesar disso, observa-se que numa classe bastante ampla de situações industriais um operador pode ser capaz de controlar um sistema manualmente (ou semi-automaticamente) com base na sua experiência e/ou conhecimento da planta. A capacidade dos operadores para interpretar declarações linguísticas sobre o processo e para raciocinar de forma qualitativa suscita a questão: *podemos utilizar esta informação em sistemas inteligentes?* Prevê-se que o operador seja capaz de executar a sua tarefa com base na aprendizagem e nas capacidades de raciocínio aproximadas do cérebro humano que complementam a inteligência. No entanto, este facto não é normalmente considerado quando se deriva um modelo matemático preciso.

Para fazer face à complexidade dos sistemas dinâmicos, tem havido desenvolvimentos significativos na modelização e no controlo durante as últimas duas décadas e meia. Os problemas complexos do mundo real exigem sistemas inteligentes que combinem conhecimentos, técnicas e metodologias de várias fontes. Estes sistemas inteligentes devem possuir competências semelhantes às dos seres humanos num domínio específico, adaptar-se e aprender a fazer melhor em ambientes em mudança e explicar como tomam decisões ou acções. A computação suave consiste em vários paradigmas de computação, incluindo redes neuronais, teoria dos conjuntos difusos, raciocínio aproximado e métodos de otimização sem derivados, como os algoritmos genéticos e o recozimento simulado. Cada uma destas metodologias tem a sua própria força. São abordadas brevemente a seguir:

(i) *As redes neuronais* são inspiradas nos sistemas nervosos biológicos, reconhecem padrões e adaptam-nos para fazer face a ambientes em mudança. Os investigadores modelam o cérebro como uma dinâmica não linear em tempo contínuo em arquitecturas conexionistas que se espera imitarem os mecanismos cerebrais para efeitos de simulação.

(ii) *Os sistemas de inferência difusa* fornecem um cálculo sistemático para lidar linguisticamente com informações imprecisas e incompletas e efetuar cálculos numéricos utilizando rótulos linguísticos estipulados por funções de associação. Além disso, a seleção de regras difusas **do tipo "se-então"** constitui o componente-chave de um sistema de inferência difusa que pode modelar eficazmente os conhecimentos humanos numa aplicação específica.

(iii) A investigação *convencional em matéria de IA* centra-se na tentativa de imitar o comportamento inteligente humano, expressando-o sob a forma de uma linguagem ou de regras simbólicas. A IA convencional manipula basicamente símbolos com base no pressuposto de que esse comportamento pode ser armazenado em bases de conhecimento estruturadas simbolicamente. Esta é a chamada hipótese do sistema de símbolos físicos. Os sistemas simbólicos constituem uma boa base para a modelação de peritos humanos em alguns domínios problemáticos restritos, se houver conhecimentos explícitos disponíveis. O produto de IA convencional mais bem sucedido é o sistema baseado no conhecimento ou sistema pericial.

Uma vez que o presente trabalho se baseia na aplicação da lógica difusa, no terceiro capítulo é apresentada uma breve explicação da lógica difusa.

CAPÍTULO II

REVISÃO DA LITERATURA

O conceito de modelo matemático é fundamental para a análise e conceção de sistemas, o que requer a representação do fenómeno dos sistemas como uma dependência funcional entre variáveis de entrada e saída em interação. A capacidade de tratar a informação linguística e a informação numérica de uma forma sistemática e eficiente é uma das vantagens mais importantes dos modelos Iuzzy. A segunda propriedade importante dos modelos Iuzzy é a sua capacidade de lidar com a não-linearidade. No entanto, enquanto as técnicas de identificação de sistemas lineares estão atualmente bem desenvolvidas e têm sido amplamente aplicadas, existem muito poucos resultados para a identificação de sistemas não lineares

De acordo com a definição de Zadeh [1], dada uma classe de modelos, o problema de identificação de sistemas consiste em identificar um modelo dentro dessa classe que possa ser considerado equivalente a um sistema-alvo no que respeita aos pares de dados de entrada-saída. O modelo identificado pode então ser utilizado para explicar o comportamento do sistema-alvo, bem como para fins de previsão e controlo. Com o artigo seminal de Zadeh [1], os sistemas lógicos Iuzzy chamaram a atenção de vários investigadores no domínio do controlo. Verificou-se que as técnicas FLS reduzem drasticamente o tempo e o custo de desenvolvimento para a síntese de controladores não lineares para sistemas dinâmicos. Na lógica difusa, em vez de se recorrer a uma modelação matemática precisa, o modelo de um sistema e de um controlador é derivado de algumas regras apresentadas sob a forma linguística conhecida como modelo difuso. Estas regras, formuladas em termos de variáveis linguísticas, utilizam alguns métodos de raciocínio, que se baseiam na experiência ou em conhecimentos avançados de engenharia.

A identificação de sistemas difusos [2, 3, 4] tem suscitado muito interesse no passado. Com esta técnica, assume-se geralmente que não existe conhecimento prévio sobre o sistema ou que o conhecimento especializado não é suficientemente fiável. Neste caso, em vez de se utilizar uma interpretação prévia fixa do sistema, recorre-se frequentemente a dados brutos de entrada-saída para aumentar o conhecimento prévio ou talvez até gerar novos conhecimentos sobre o sistema. Esta abordagem foi inicialmente proposta por Takagi-Sugeno-Kang com o nome de modelação difusa. A modelação TSK é também designada por identificação de sistemas [5].

Para construir um modelo, o primeiro passo é a identificação de entradas significativas entre muitos candidatos a entrada. No caso dos sistemas com atrasos temporais, as entradas anteriores são as entradas candidatas a um modelo. As entradas anteriores significativas são capazes de lidar com os atrasos temporais no modelo de um sistema real. Por outro lado, para incorporar a dinâmica de um sistema no seu modelo, as saídas anteriores são consideradas como entradas candidatas para um modelo. As saídas anteriores significativas, quando consideradas como entradas para o modelo, significam a dinâmica de um sistema.

Aquando da modelação de sistemas reais, é normalmente necessário lidar com um grande número de variáveis de entrada. Para obter modelos simples e transparentes, mas precisos e fiáveis, é necessário determinar as variáveis mais importantes. Na modelação difusa não existem critérios rigorosos para a seleção das entradas. Por conseguinte, têm de ser utilizados métodos heurísticos. Para encontrar uma solução óptima, é frequentemente necessário examinar diferentes modelos para cada combinação possível de entradas, o que se torna computacionalmente intratável, mesmo para um número razoável de atributos de entrada. Para evitar esta situação, foram utilizados métodos heurísticos que geram modelos fuzzy sequencialmente, aumentando (seleção progressiva) [6] ou diminuindo (seleção regressiva) [7, 8] o número de entradas envolvidas. Estes métodos aliviam, mas não eliminam, a carga computacional da pesquisa combinatória.

Outras abordagens à seleção de entradas incluem curvas difusas e superfícies difusas [9] e também a eliminação de entradas com base em correlações. Estes métodos requerem menos esforço computacional do que os métodos de seleção para a frente e para trás acima referidos. O erro do modelo será mínimo se as variáveis identificadas forem as que afectam a saída do sistema. Além disso, se faltarem algumas variáveis ou se forem identificadas algumas variáveis adicionais, o erro do modelo não será mínimo na modelação difusa. É proposto um novo critério para a identificação apenas das variáveis que afectam efetivamente a saída do sistema, entre as variáveis de entrada candidatas que utilizam a curva difusa. Partindo do pressuposto de que a saída é avaliada para cada entrada individualmente, as curvas difusas também podem ser utilizadas para determinar o número de regras.

O segundo passo é a identificação da estrutura [10, 11], que envolve a estimação de parâmetros para a estrutura do modelo especificado. Para um sistema dinâmico linear, a estimação de parâmetros é uma tarefa fácil e já foram desenvolvidos algoritmos bem conhecidos, mas não é tão fácil para um sistema dinâmico não linear. Devido à sua dificuldade, as técnicas de lógica difusa têm atraído a atenção de vários investigadores.

De entre as diferentes técnicas de modelação difusa, o modelo Takagi-Sugeno (TS) [5] é o que tem atraído mais atenção. Este modelo consiste em regras "se - então" com antecedentes difusos e funções matemáticas na parte consequente. Os conjuntos fuzzy antecedentes dividem o espaço de entrada num número de regiões fuzzy, enquanto a função consequente tem uma relação linear ou não linear das entradas no espaço de saída. Em primeiro lugar, o espaço de entrada é particionado utilizando um algoritmo de agrupamento difuso. Também não existe uma abordagem generalizada para a determinação de um conjunto de regras ótimo; o agrupamento pode ser utilizado para determinar o número ótimo de regras a partir das posições centrais no hiperespaço de entrada-saída, com base na otimização de uma determinada função objetivo.

No agrupamento difuso, cada ponto tem um grau de pertença aos agrupamentos, como na lógica difusa, em vez de pertencer completamente a apenas um agrupamento. Assim, os pontos na extremidade de um agrupamento podem estar no agrupamento em menor grau do que os pontos no centro do agrupamento. O algoritmo Fuzzy c-means é um algoritmo de agrupamento de dados em que cada ponto de dados pertence a um agrupamento num grau especificado por um grau de associação e efectua o agrupamento com base na minimização da "distância" total de cada ponto de dados aos centros do agrupamento. Um problema crítico para o algoritmo FCM é como determinar o número ótimo de clusters. Este algoritmo só pode detetar agrupamentos com a mesma forma e orientação. Também não há garantias de que o FCM converge para uma solução óptima.

Gustafson e Kessel [12] alargaram o algoritmo standard fuzzy c-means utilizando uma distância adaptativa para detetar agrupamentos de diferentes formas geométricas num conjunto de dados. Contudo, ocorrem frequentemente problemas numéricos no agrupamento GK padrão quando o número de amostras de dados é pequeno ou quando os dados num agrupamento estão linearmente correlacionados. Nesses casos, a matriz de covariância do agrupamento torna-se singular e não pode ser invertida para calcular a matriz indutora da norma. Gath e Geva [13] utilizaram um algoritmo de agrupamento baseado em estimativas difusas de máxima verosimilhança que é capaz de detetar agrupamentos de formas, tamanhos e densidades variáveis. A matriz de covariância dos agregados é utilizada em conjunto com uma distância "exponencial" e os agregados não estão limitados em termos de volume. No entanto, este algoritmo é menos robusto no sentido em que necessita de uma boa inicialização, uma vez que, devido à norma de distância exponencial, converge para um ótimo local próximo.

Yager e Filev [14] desenvolveram o método da montanha para estimar os centróides dos agregados. Este método simples estima os centróides de agrupamentos através da construção e destruição da função de montanha num espaço de grelha. No entanto, embora o método da montanha seja eficaz para conjuntos de dados de baixa dimensão, torna-se proibitivamente ineficiente quando aplicado a dados de alta dimensão. Para reduzir a complexidade computacional deste método, Chiu [15] sugeriu calcular a função de montanha nos pontos de dados em vez de nos pontos de grelha, uma abordagem conhecida como agrupamento subtrativo. Pode ser utilizado como um agrupamento autónomo ou pode ser utilizado para estimar os centróides de agrupamento iniciais para outros métodos de agrupamento, como o FCM [16].

Os principais problemas em matéria de agregação são os seguintes (i) como encontrar o número c de clusters para um dado conjunto de vectores quando c é desconhecido, e (ii) como avaliar a validade de um dado agrupamento de um conjunto de dados em c clusters.

O trabalho pioneiro de Takagi e Sugeno [5] na modelação e controlo fuzzy deu origem a vários trabalhos publicados na literatura [17-18]. Esta é uma abordagem multi-modelo [19]. A ideia básica desta abordagem é decompor o complicado espaço de entrada em subespaços e depois aproximar o sistema em cada subespaço através de um modelo de regressão linear simples. O modelo fuzzy global é considerado como uma combinação de subsistemas interligados com modelos mais simples. Mais tarde, Yager e Filev [20] utilizaram a regressão não linear para a parte consequente em vez da regressão linear de Sugeno [11]. A primeira aplicação da lógica difusa ao projeto de controladores por Mamdani [21], sob incertezas estruturais/paramétricas e imprecisão de processos/sistema, deu impulso a várias aplicações de controlo.

Na abordagem da caixa negra, temos de construir um modelo dinâmico utilizando apenas dados de entrada-saída. Esta fase da modelação é normalmente designada por identificação. O modelo TS tem a excelente capacidade de descrever um determinado sistema desconhecido e é muito adequado para o controlo baseado em modelos. A identificação das premissas tem dois problemas: um é o facto de termos de descobrir quais as variáveis necessárias nas premissas. O outro é que temos de encontrar uma partição fuzzy óptima do espaço de entrada, que é um problema peculiar à modelação fuzzy [1].

O espaço de entrada (espaço de premissa) do modelo é dividido num certo número de subespaços. O número de regras corresponde ao número de subespaços fuzzy.

CAPÍTULO III

FuzzyLogic

3.1 Introdução

O conceito de Lógica Fuzzy (FL) foi concebido por Lotif Zadeh [1], professor da Universidade da Califórnia em Berkley, como uma forma de processar dados, permitindo a adesão a conjuntos parciais em vez da adesão ou não adesão a conjuntos nítidos. A FL é uma metodologia de sistema de controlo para a resolução de problemas que se presta à implementação em sistemas que vão desde microcontroladores simples, pequenos e incorporados, até sistemas de aquisição de dados e de controlo de grandes dimensões, ligados em rede e multicanais, baseados em PC ou estações de trabalho. Pode ser implementada em hardware, software ou numa combinação de ambos. O FL fornece uma maneira simples de chegar a uma conclusão definitiva com base em informações de entrada vagas, ambíguas, imprecisas, ruidosas ou ausentes. A abordagem da FL aos problemas de controlo imita a forma como uma pessoa toma decisões, só que muito mais rapidamente.

A lógica difusa é uma metodologia de conceção alternativa que é mais simples e mais rápida. A lógica difusa reduz o ciclo de desenvolvimento do projeto, simplifica a complexidade do projeto e melhora o tempo de colocação no mercado. É uma melhor solução alternativa para o controlo não linear. A lógica difusa melhora o desempenho do controlo, simplifica a implementação e reduz os custos de hardware. Pode ser aplicada no desenvolvimento de sistemas lineares e não lineares para controlo incorporado. Ao utilizar a lógica difusa, os projectistas podem obter custos de desenvolvimento mais baixos, caraterísticas superiores e um melhor desempenho do produto final. Além disso, os produtos podem ser colocados no mercado mais rapidamente e de forma mais económica.

Utilizando a abordagem convencional, o nosso primeiro passo é compreender o sistema físico e os seus requisitos de controlo. Com base nesta compreensão, o segundo passo é desenvolver um modelo, que inclui a planta, os sensores e os actuadores. O terceiro passo é utilizar a teoria do controlo linear para determinar uma versão simplificada do controlador, como os parâmetros de um controlador PID. A quarta etapa consiste em desenvolver um algoritmo para o controlador simplificado. A última etapa consiste em simular o projeto, incluindo os efeitos da não linearidade, do ruído e das variações dos parâmetros. Se o desempenho não for satisfatório, é necessário alterar a modelação do sistema, voltar a conceber o controlador, reescrever o algoritmo e repetir o processo. Com a lógica difusa, o primeiro passo é compreender e caraterizar o comportamento do sistema utilizando os nossos conhecimentos e experiência. O segundo passo consiste em conceber diretamente o algoritmo de controlo utilizando regras difusas, que descrevem os princípios de regulação do controlador em termos da relação entre as suas entradas e saídas. A última etapa consiste em simular e depurar o projeto. Se o desempenho não for satisfatório, basta alterar algumas regras difusas e tentar de novo.

Embora as duas metodologias de conceção sejam semelhantes, a metodologia baseada em fuzzy simplifica substancialmente o ciclo de conceção porque elimina a matemática complexa envolvida no seu modelo matemático. Isto resulta em alguns benefícios significativos mencionados abaixo:

• Com uma metodologia de conceção de lógica difusa, são eliminadas algumas etapas que consomem muito tempo. Além disso, durante o ciclo de depuração e afinação, é possível alterar o sistema simplesmente modificando as regras, em vez de redesenhar o controlador. Além disso, uma vez que o controlo difuso se baseia em regras, não é necessário ser um perito numa linguagem de alto ou baixo nível, o que o ajuda a concentrar-se mais na sua aplicação do que na programação. Como resultado, a lógica difusa reduz substancialmente o ciclo de desenvolvimento global.

• A lógica difusa permite descrever sistemas complexos utilizando o seu conhecimento e experiência em regras simples do tipo inglês. Não requer qualquer modelação do sistema ou equações matemáticas complexas que regulem a relação entre entradas e saídas. As regras difusas são muito fáceis de aprender e utilizar, mesmo por não especialistas. Normalmente, são necessárias apenas algumas regras para descrever sistemas que, de outra forma, poderiam exigir várias linhas de software convencional. Este facto torna óbvio que a abordagem baseada no fuzzy simplifica significativamente a complexidade do projeto.

• As aplicações comerciais de controlo incorporado exigem um esforço de desenvolvimento significativo, a maior parte do qual é gasto na parte de software do projeto. O tempo de desenvolvimento é uma função da complexidade do projeto e do número de iterações necessárias no ciclo de depuração e afinação. Assim, pode observar-se que uma metodologia de conceção baseada em fuzzy aborda ambas as questões de forma muito eficaz.

Além disso, devido à sua simplicidade, a descrição de um controlador difuso não só é transportável entre equipas de conceção, como também proporciona um meio superior para preservar, manter e atualizar a propriedade intelectual. Como resultado, a lógica difusa pode melhorar drasticamente o tempo de colocação no mercado.

•	A maior parte dos sistemas físicos da vida real são efetivamente sistemas não lineares. As abordagens convencionais de conceção utilizam diferentes métodos de aproximação para lidar com a não linearidade. Algumas escolhas típicas são as aproximações lineares, lineares por partes e de tabelas de pesquisa para compensar factores de complexidade, custo e desempenho do sistema. Uma técnica de aproximação linear é relativamente simples, mas tende a limitar o desempenho do controlo e pode ser dispendiosa de implementar em determinadas aplicações. Uma técnica linear por partes funciona melhor, embora seja fastidiosa de implementar, uma vez que requer frequentemente a conceção de vários controladores lineares. Uma técnica de tabela de pesquisa pode ajudar a melhorar o desempenho do controlo, mas é difícil de depurar e afinar. Além disso, em sistemas complexos em que existem várias entradas, uma tabela de pesquisa pode ser impraticável ou muito dispendiosa de implementar devido aos seus grandes requisitos de memória. A lógica difusa constitui uma solução alternativa para o controlo não linear, uma vez que está mais próxima do mundo real. A não linearidade é tratada por regras, funções de associação e pelo processo de inferência, o que resulta num melhor desempenho, numa implementação mais simples e em custos de conceção reduzidos.

Se o modelo de um sistema não estiver disponível a priori, mas apenas os conjuntos de dados de entrada-saída estiverem disponíveis, então surge a necessidade de recorrer a técnicas de lógica difusa para determinar a estrutura, ou seja, o número de regras difusas, do sistema após determinar as entradas significativas que afectam a saída do sistema. A lógica difusa tem uma estrutura de modelo transparente e interpretável e é capaz de representar uma relação funcional altamente não linear utilizando um número razoável de regras difusas. Em seguida, é necessário conhecer os parâmetros do modelo subjacente ao sistema difuso, seguido do controlo do mesmo sistema de modo a que este tenha o desempenho desejado.

3.2 Lógica e Sistemas Fuzzy

A lógica difusa foi inventada nos anos sessenta pelos principais especialistas em engenharia de controlo, que se aperceberam de que a teoria de controlo se tinha tornado suficientemente poderosa para continuar o seu desenvolvimento por si só, mas havia muitos problemas reais que não conseguiam resolver. A maior parte dos problemas reais de sistemas complexos envolvem homens. Assim, a aplicação da teoria de controlo a sistemas de controlo complexos requer uma compreensão formal de como um operador humano entende o seu sistema, quais são os seus objectivos e como ele procede quando o controla. Isto requer uma ferramenta dedicada para representar a informação de origem humana de uma forma flexível. E é aqui que a lógica difusa entra em cena.

A lógica difusa foi concebida principalmente para representar e raciocinar com uma forma particular de conhecimento. Refere-se à computação numérica baseada em regras difusas, com o objetivo de modelar uma função numérica na engenharia de sistemas. No entanto, na literatura matemática, a lógica difusa significa lógica de valores múltiplos com o objetivo de modelar o valor de verdade parcial e a imprecisão. Por último, a lógica difusa foi melhor entendida por Zadeh [1] como englobando métodos baseados em conjuntos difusos para raciocínio aproximado.

3.3 Sistema básico de controlo lógico difuso

Quando a lógica difusa é aplicada ao controlo, é geralmente designada por "Controlo Lógico Difuso (FLC)". Os controladores difusos, ao contrário dos controladores clássicos, são capazes de utilizar o conhecimento obtido dos operadores humanos. A Fig.3.1. mostra a configuração básica de um FLC. Este é crucial para controlar problemas para os quais é difícil ou mesmo impossível construir modelos matemáticos precisos, ou para os quais os modelos adquiridos são difíceis ou dispendiosos de utilizar.

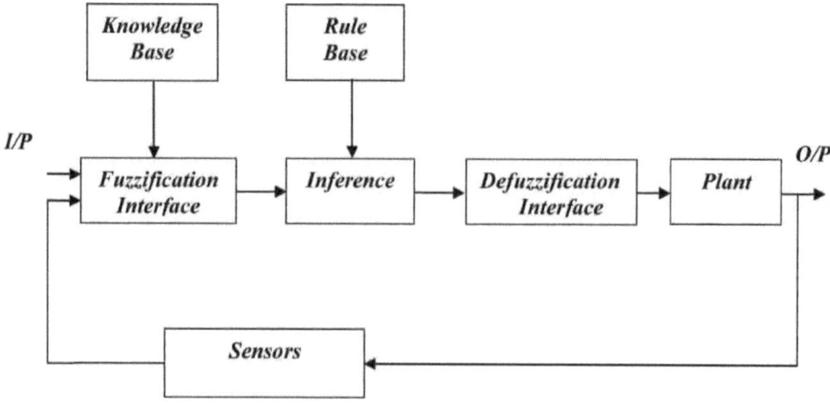

Estas dificuldades podem resultar de não linearidades inerentes, da natureza variável no tempo dos processos a controlar, de grandes perturbações ambientais imprevisíveis, da degradação dos sensores ou de outras dificuldades na obtenção de medições precisas e fiáveis, e de uma série de outros factores. O conhecimento é difícil de exprimir em termos precisos, mas uma descrição linguística imprecisa do modo de controlo pode normalmente ser articulada pelo operador com relativa facilidade. Esta descrição linguística consiste num conjunto de regras de controlo que utilizam proposições difusas.

3.3.1 Parâmetros de projeto do CFL

Os principais elementos de conceção de um sistema de controlo lógico fuzzy geral são os seguintes

(i)   Estratégias de fuzzificação e a interpretação de um operador de fuzzificação, ou fuzzificador.

A interface de fuzzificação envolve as seguintes funções:

(a)   Medir os valores das variáveis de entrada;

(b)   Efetuar o mapeamento da escala que transfere a gama de valores das variáveis de entrada para o Universo do Discurso correspondente;

(c)   Realiza a função de fuzzificação que converte os dados de entrada em valores linguísticos adequados, que podem ser vistos como rótulos de conjuntos fuzzy.

(ii)   Base de dados de conhecimento

(a)   DiscretizaçãoZnormalização do universo do discurso.

(b)   Partição difusa dos espaços de entrada e saída

(c)   Completude das partições

(d)   Escolha das funções de membro de um conjunto fuzzy primário.

(iii)   Base da regra

(a)   Escolha das variáveis de estado do processo (entrada) e das variáveis de controlo (saída)

(b)   Fonte de derivação das regras de controlo fuzzy.

(c)   Tipos de regras de controlo fuzzy

(d)   Consistência, interatividade e exaustividade das regras de controlo difuso.

(iv) Lógica de decisão

A lógica de decisão é o núcleo do FLC; tem a capacidade de simular a tomada de decisão humana com base em conceitos difusos e de inferir acções de controlo difusas.

(a)   Definição de uma implicação difusa.

(b)   Interpretação de um conectivo de frase *e*

(c)   Interpretação de um conectivo de frase *ou*

(d)   Mecanismo de inferência.

(v) Estratégias de defuzzificação e a interpretação de uma defuzzificação

operador (defuzificador).

A interface Defuzzificação executa as seguintes funções:

(a)   Um mapeamento de escala, que converte a gama de valores das variáveis de saída em Universos do Discurso correspondentes.

(b)   Defuzzificação, que produz uma ação de controlo não fuzzy a partir de uma ação de controlo fuzzy inferida.

3.3.2   Conceção de sistemas de controlo fuzzy

A maior parte das situações de controlo são mais complexas do que aquelas com que lidamos matematicamente. Nessas situações, o controlo fuzzy pode ser desenvolvido, desde que exista um conjunto de conhecimentos sobre o processo, que se traduzam num conjunto de regras fuzzy. Suponhamos que é dado um resultado de um processo industrial. Podemos calcular a diferença entre a saída desejada e a saída calculada, ou seja, o erro e também a taxa de erro. O diagrama esquemático representado na Fig.3.2. mostra esta ideia. Uma entrada para o processo industrial (sistema físico) vem do controlador. O sistema físico responde com uma saída, que é recolhida e medida por um dispositivo. A saída medida é uma grandeza definida, que pode ser fuzzificada num conjunto fuzzy. Esta saída difusa é então considerada como a entrada difusa num controlador difuso, que consiste em regras linguísticas. A saída do controlador fuzzy é então outra série de conjuntos fuzzy, que devem ser convertidos em quantidades nítidas utilizando métodos de defuzzificação. Estes valores de controlo-saída defuzzificados tornam-se então os valores de entrada para o sistema físico e todo o ciclo em circuito fechado é repetido.

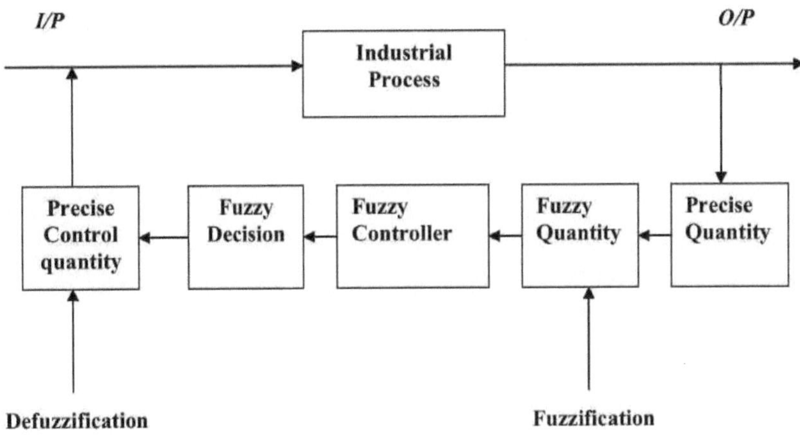

Fig.3.2.Situação típica de controlo Fuzzy em malha fechada

3.3.3   Do Controlo Fuzzy à Modelação Fuzzy

Uma regra difusa num controlador Mamdani [21] é, pelo contrário, vista como um produto cartesiano difuso das suas entradas difusas e da sua saída difusa. É um ponto difuso no espaço de entrada-saída, e o conjunto de regras difusas é entendido como um gráfico difuso. Mais tarde, Takagi e Sugeno [5] verificaram que a utilização de conclusões difusas não era imperativamente necessária. Propuseram regras difusas com condições difusas e conclusões exactas. Verificaram que a conclusão exacta podia depender das variáveis de entrada, abrindo assim caminho a uma abordagem viável para a identificação de sistemas difusos.

Esta proposta de representação de um sistema dinâmico através de uma combinação de modelos e do método de identificação, tanto estrutural como paramétrico, teve um impacto significativo na investigação de sistemas fuzzy, nomeadamente: Sugere-se que o sistema baseado em regras fuzzy pode ser utilizado como uma ferramenta para a modelação de sistemas não lineares. Levou os investigadores a considerar um sistema baseado em regras difusas como um aproximador universal de funções, estabelecendo assim uma ligação entre os sistemas difusos e as redes neuronais. Também reinstalou o controlo difuso na tradição da engenharia de controlo: se os modelos baseados em regras difusas puderem ser identificados, os controladores difusos podem ser obtidos a partir dos modelos difusos.

3.3.4   Controlo Fuzzy Baseado em Modelos

A Fig. 3.3. mostra a arquitetura básica de um sistema de controlo difuso direto em que os parâmetros do controlador são manipulados diretamente sem recorrer à identificação do sistema físico. Este tipo de controlador não tem em conta qualquer informação do sistema físico; é normalmente designado por controlador fuzzy sem modelo. A Fig. 3.4 mostra a arquitetura de um sistema de controlo difuso indireto em que é construído um modelo difuso separado do sistema físico, sendo depois utilizado um procedimento de conceção para calcular o sinal de controlo. Este sistema é normalmente designado por controlador fuzzy baseado num modelo. Os dados de treino para o modelo estão diretamente disponíveis, ao contrário do controlador difuso direto que tem de tentar inferir o erro de controlo que causou o erro de saída do sistema físico.

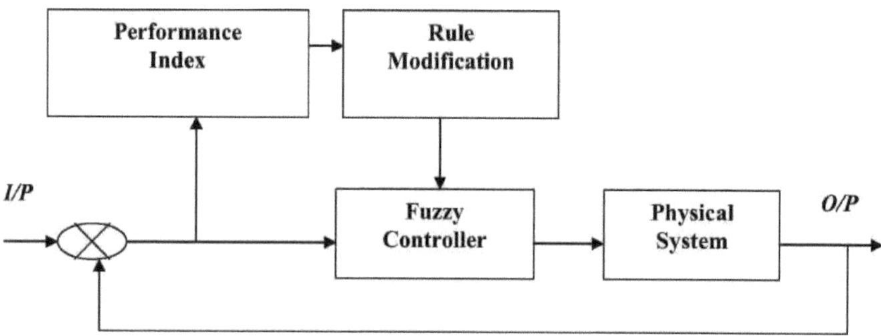

Fig.3.3. Controlador fuzzy sem modelo

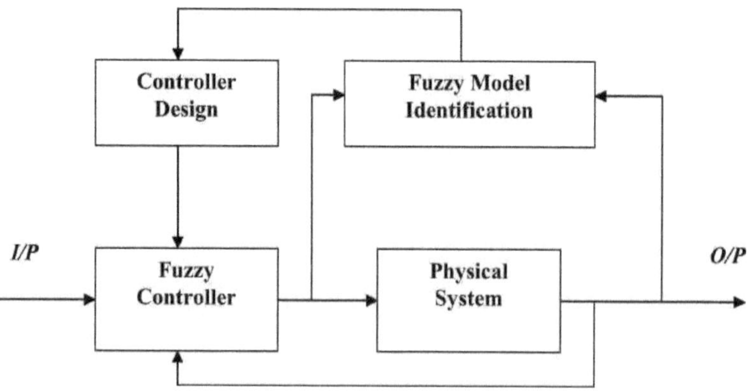

Fig.3.4. Controlador fuzzy baseado em modelo

3.3.5 Questões de Modelação Fuzzy

Um sistema de inferência difusa é um aproximador universal. A desvantagem da maioria dos sistemas de inferência difusa é a necessidade de predefinir funções de associação e regras difusas a partir dos dados numéricos em termos de expressão linguística e a necessidade de efetuar raciocínios difusos. Por outro lado, com uma função de afiliação predefinida, o número de regras difusas aumenta exponencialmente com o aumento das variáveis de entrada.

Embora as regras não cubram formas rectangulares no hiperespaço de entrada-saída, o número ótimo de regras é disposto em posições adequadas no espaço difuso.

Para otimizar um sistema fuzzy adaptativo utilizado na modelação e controlo, é possível ajustar os seguintes parâmetros de modo a obter o desempenho desejado:

* A forma da função de afiliação

* O número de regras utilizadas (estrutura)

* O mecanismo de inferência

O efeito da alteração das funções de filiação é predominante sobre os restantes dois parâmetros, mas o tamanho da base de regras afecta o tempo de computação. Para aplicações em tempo real, a otimização dos dois primeiros parâmetros, nomeadamente a função de afiliação e o número de regras, é necessária para qualquer método de raciocínio difuso (mecanismos de inferência).

3.3.6 Identificação de Modelos Fuzzy

Um modelo difuso é um modelo não linear que consiste num conjunto de regras difusas de mapeamento "se" e "então". O problema da identificação de modelos fuzzy ou da modelação fuzzy é geralmente referido como a determinação de um modelo fuzzy para um sistema ou um processo, utilizando um ou ambos os tipos de informação: *informação linguística* obtida de peritos humanos e *informação numérica* obtida de aparelhos de medição. A conceção dos primeiros modelos difusos envolvia frequentemente uma afinação manual das suas funções de filiação com base no desempenho do modelo, mas isso consome muito tempo e é difícil de lidar com problemas de elevada dimensão. Uma das questões mais importantes sobre a modelação baseada em regras fuzzy é a construção das suas funções de afiliação. As principais vantagens de um modelo fuzzy são:

- Os modelos difusos fornecem um complemento valioso à necessidade crescente de modelação não linear através da construção engenhosa de partições difusas.

- Um modelo fuzzy é capaz de aproximar uma relação funcional altamente não linear utilizando um pequeno número de regras fuzzy.

Existe uma grande variedade de técnicas para a identificação de sistemas. Uma questão crítica comum a todas estas técnicas é a seleção da complexidade adequada.

A identificação de sistemas difusos consiste em três subproblemas básicos:

(i)   Identificação da estrutura,

(ii)   Estimativa de parâmetros

(iii) Validação do modelo.

3.3.7   Identificação da estrutura

A identificação da estrutura de um modelo fuzzy envolve quatro tarefas:

(i)   Encontrar as variáveis de entrada importantes de todas as variáveis de entrada possíveis,

(ii)   Seleção das funções de filiação,

(iii) Escolher a estrutura da partição fuzzy do espaço de entrada do modelo, (iv) Determinar o número de regras fuzzy.

A identificação da estrutura de um modelo fuzzy consiste em determinar um número e uma forma adequados de partição fuzzy do espaço de entrada-saída, uma vez que o número de partições fuzzy dá o número de regras e a forma das partições fuzzy determina os parâmetros da função de filiação.

3.3.8   Estimativa de parâmetros

O objetivo da estimativa de parâmetros é encontrar os melhores valores para um conjunto de parâmetros do modelo. A estimativa de parâmetros também pode ser efectuada utilizando redes neuronais e algoritmos genéticos. A otimização dos valores dos parâmetros é determinada por:

(i)   O grau de adequação do modelo aos dados de treino, esta abordagem é utilizada para modelar uma fábrica e,

(ii)   Esta abordagem é frequentemente utilizada para a conceção de um controlador.

Existem duas categorias de parâmetros num modelo fuzzy:

(i)   Parâmetros das funções de afiliação antecedentes,

(ii)   Parâmetros na parte consequente da regra

Os problemas de estimação de parâmetros, em geral, envolvem a otimização dos parâmetros de associação antecedentes e dos parâmetros consequentes.

(i)   Os parâmetros do antecessor podem ser identificados através de técnicas de agrupamento.

(ii)   Os parâmetros consequentes podem ser identificados utilizando os algoritmos dos mínimos quadrados recursivos (RLS) e os algoritmos dos mínimos quadrados médios (LMS).

O modelo Takagi-Sugeno (TS) foi o que atraiu mais atenção. Este modelo tem regras "*se-então*" com antecedentes difusos e funções matemáticas na parte consequente. Os conjuntos fuzzy antecedentes dividem o espaço de entrada num certo número de regiões fuzzy, enquanto a função consequente tem relações lineares ou não lineares.

• Estimativa dos parâmetros antecedentes

Os parâmetros antecedentes de um modelo difuso podem ser estimados independentemente dos parâmetros consequentes utilizando várias técnicas de agrupamento. O resultado do agrupamento é utilizado para determinar os parâmetros de uma partição difusa. A agregação pode ser aplicada aos dados de treino de entrada ou aos dados de treino de entrada-saída. A agregação produz normalmente uma partição difusa dispersa do espaço de entrada. Também não existe uma abordagem generalizada para a determinação de um conjunto de regras ótimo. A agregação pode ser utilizada para determinar o número ótimo de regras a partir das posições centrais no hiperespaço de entrada-saída, com base na otimização de uma determinada função objetivo.

Os parâmetros das funções de afiliação antecedentes podem ser construídos a partir da média e da variância de cada agrupamento. Utilizando funções de afiliação gaussianas para representar o conjunto difuso $A_{i,j}(x_{j,k})$

$$A_{i,j}(x_{j,k}) = \exp(\frac{1}{2}\frac{(x_{j,k} - v_{i,j})^2}{\sigma_{i,j}^2})$$ 3.1

Onde v_{ij} é o centro do agrupamento e σ_{ij} é a largura de cada agrupamento.

Agora que as entradas significativas são determinadas, o espaço de entrada é particionado e as funções de afiliação antecedentes são obtidas, o próximo passo seria determinar a estrutura da parte consequente. A identificação dos parâmetros é apenas um problema de otimização com uma função objetivo. Utilizamos os parâmetros obtidos no processo de agrupamento difuso como uma estimativa inicial na identificação dos parâmetros. Em primeiro lugar, o algoritmo de agrupamento FCM é utilizado para construir a base de regras. Em seguida, ajustamos com precisão os parâmetros v_j e $\sigma_{i,(y)} \cdot$ das funções de afiliação através do método Gradient Descent.

• Estimativa dos parâmetros consequentes

É necessário aprender os parâmetros do modelo subjacente ao sistema difuso e, em seguida, controlar o mesmo sistema de modo a que este tenha o desempenho desejado. Para o ajuste fino dos parâmetros do modelo, pode ser utilizado um híbrido de dois algoritmos básicos de aprendizagem, nomeadamente o Gradient Descent (GD) e o Least Square Estimation (LSE). No entanto, nenhum algoritmo de descida baseado em gradientes tem a garantia de encontrar o ótimo global de uma função objetivo complexa num período de tempo finito, uma vez que conduzem inevitavelmente à convergência para o mínimo local mais próximo. Para ultrapassar o problema dos mínimos locais, podem ser utilizadas técnicas de aprendizagem global, como o *algoritmo genético* (AG), em combinação com algoritmos de aprendizagem local para obter um AG híbrido.

Os parâmetros a serem estimados no modelo são a_{ik} e b_{ik} nas funções de associação antecedentes e os constituintes constantes nos consequentes. Se considerarmos todos os parâmetros do modelo como parâmetros de projeto livres, então o problema da estimativa é não linear nos parâmetros. Para calcular estes parâmetros, é necessário utilizar uma técnica de otimização não linear, como o algoritmo *de descida do gradiente* (GD).

Algoritmo de aprendizagem:

Um modelo fuzzy proposto por Takagi e Sugeno [5], tem a seguinte forma:

Rule: IF x_1 *is* A_{i1} *and*.....*and* x_n *is* A_{in}

THEN $y_i = c_{io} + c_{i1}x_1 + \ldots\ldots + c_{in}x_n$ 3.2

Em que $i = 1,2, \ldots\ldots\ldots I$, I é o número de regras IF-THEN, $c_{ik}{}'^s$ $(k = 0, 1\ldots n)$ são parâmetros consequentes. y_i é uma saída da regra IF-THEN e A_{ij} é um conjunto difuso.

Dada uma entrada $(x_1, x_2, \ldots, x_n)$, , a saída final do modelo fuzzy é inferida do seguinte modo

$$y = \sum_{i=1}^{l} w_i y_i \tag{3.3}$$

Onde y_i é calculado para a entrada pela equação consequente da *i-ésima* implicação, e o peso w_i implica o valor de verdade global da premissa da implicação para a entrada, e é calculado como:

$$w_i = \prod_{k=1}^{n} A_{ik}(x_k) \text{ , where} \tag{3.4}$$

$$A_{ik}(x_k) = \exp(-\frac{(x_k - a_{ik})^2}{b_{ik}^2}) \tag{3.5}$$

a_{ik} e b_{ik} são parâmetros das funções de filiação. Pode aplicar-se a técnica de gradiente descendente para modificar os parâmetros a_{ik}, b_{ik} e c_{ik}.

From (3.2) and (3.3) $\qquad y = \sum_{k=0}^{n}\sum_{i=1}^{l} w_i c_{ik} x_k \tag{3.6}$

em que $x_0 = 1$

As funções de desempenho são definidas da seguinte forma:

$$E = \frac{1}{2}(y^* - y)^2 \tag{3.7}$$

Onde y e y* denotam as saídas de um modelo difuso e de um sistema real, respetivamente. Ao diferenciar parcialmente E em relação a cada parâmetro de um modelo difuso, obtém-se

$$\frac{\partial E}{\partial c_{ik}} = \frac{\partial E}{\partial y}.\frac{\partial y}{\partial c_{ik}}$$

$$\qquad\qquad\qquad\qquad\qquad\qquad\qquad\qquad 3.8$$

$$= -\left(y^{*}-y\right)w_{i}x_{k} = -\delta w_{i}x_{k},$$

$$\frac{\partial E}{\partial a_{ik}} = \frac{\partial E}{\partial y}.\frac{\partial y}{\partial a_{ik}}$$

$$= -\left(y^{*}-y\right)\frac{2\left(x_{k}-a_{ik}\right)}{b_{ik}}w_{i}\sum_{k=0}^{n}c_{ik}x_{k}, \quad = -\delta\,\frac{2\left(x_{k}-a_{ik}\right)}{b_{ik}}w_{i}\sum_{k=0}^{n}c_{ik}x_{k}, \qquad 3.9$$

$$\frac{\partial E}{\partial b_{ik}} = \frac{\partial E}{\partial y}.\frac{\partial y}{\partial b_{ik}}$$

$$= -\left(y^{*}-y\right)\frac{\left(x_{k}-a_{ik}\right)^{2}}{b^{2}_{ik}}w_{i}\sum_{k=0}^{n}c_{ik}x_{k}, \qquad\qquad 3.10$$

$$= -\delta\,\frac{2\left(x_{k}-a_{ik}\right)^{2}}{b^{2}_{ik}}w_{i}\sum_{k=0}^{n}c_{ik}x_{k}$$

Onde, $\delta = (y^{*} - y)$.

A lei de aprendizagem final pode ser definida como:

$$c_{ik}^{NEW} = c_{ik}^{OLD} + \in_{1}\delta w_{i}x_{k},$$

$$a_{ik}^{NEW} = a_{ik}^{OLD} + \in_{2}\delta\,\frac{2\left(x_{k}-a_{ik}^{OLD}\right)}{b_{ik}^{OLD}}w_{i}\sum_{k=0}^{n}c_{ik}^{OLD}x_{k},$$

$$b_{ik}^{NEW} = b_{ik}^{OLD} + \in_{3}\delta\,\frac{2\left(x_{k}-a_{ik}^{OLD}\right)^{2}}{(b_{ik}^{OLD})^{2}}w_{i}\sum_{k=0}^{n}c_{ik}^{OLD}x_{k}$$

$$\qquad\qquad\qquad\qquad\qquad\qquad\qquad\qquad 3.11$$

Em que, $\in_{1}, \in_{2}$ e $\in_{3}$ são coeficientes de aprendizagem e $\in 1, \in 2, 3 \in > O$. Utilizando a equação em (3.11), é possível modificar sucessivamente os parâmetros a_{ik}, b_{ik} e c_{ik} até que o valor da soma de δ para todos os pontos de dados seja suficientemente pequeno.

3.3.9   Validação do modelo

Implica testar o modelo com base num determinado critério de desempenho. (por exemplo, exatidão). Se o modelo não passar no teste, o utilizador deve modificar a estrutura do modelo e voltar a estimar o parâmetro do modelo. Pode ser necessário repetir este procedimento muitas vezes até se encontrar um modelo satisfatório. A identificação de sistemas difusos é um problema de estimativa de parâmetros. Um dos problemas da validação do modelo consiste em selecionar os parâmetros que apresentam um bom desempenho tanto nos dados de treino como nos dados de teste. Um modelo selecionado com base nos dados de treino não apresenta um desempenho tão bom nos dados de teste. Em particular, um erro de treino menor não resulta necessariamente num erro de teste menor. Se se tentar diminuir demasiado o erro de treino aumentando a complexidade do modelo, o erro de teste pode muitas vezes aumentar drasticamente, uma vez que o modelo começa a ajustar-se demasiado ao conjunto de treino à custa da perda de generalidade.

3.3.10   Agrupamento

O agrupamento envolve a tarefa de dividir os pontos de dados em classes ou agrupamentos homogéneos, de modo a que os itens da mesma classe sejam tão semelhantes quanto possível e os itens de classes diferentes sejam tão diferentes quanto possível. O agrupamento também pode ser considerado como uma forma de compressão de dados, em que um grande número de amostras é convertido num pequeno número de protótipos ou agrupamentos representativos. Dependendo dos dados e da aplicação, podem ser utilizados diferentes tipos de medidas de semelhança para identificar classes, em que a medida de semelhança controla a forma como os agrupamentos são formados. Alguns exemplos de valores que podem ser utilizados como medidas de semelhança incluem a distância, a conetividade e a intensidade.

O agrupamento é a classificação de objectos em diferentes grupos ou, mais precisamente, a partição de um conjunto de dados em subconjuntos (clusters), de modo a que os dados em cada subconjunto (idealmente) partilhem uma caraterística comum - frequentemente a proximidade de acordo com uma medida de distância definida.

Um determinado ponto de dados que se encontre próximo do centro de um cluster terá um elevado grau de pertença ou de adesão a esse cluster e outro ponto de dados que se encontre afastado do centro de um cluster terá um baixo grau de pertença ou de adesão a esse cluster.

O número de clusters controla a complexidade e, por conseguinte, a capacidade de generalização do modelo. Um modelo com um número demasiado reduzido de clusters dá origem a previsões fracas sobre novos dados, ou seja, uma generalização fraca, uma vez que o modelo tem uma flexibilidade limitada. Por outro lado, um modelo com demasiados clusters também produz generalizações fracas, uma vez que é demasiado flexível e adapta-se ao ruído nos dados de treino. Um pequeno número de clusters produz um estimador de alta polarização e baixa variância, enquanto um grande número de clusters produz um estimador de baixa polarização e alta variância. Cada agrupamento pode ser considerado como uma regra difusa que descreve o comportamento caraterístico do sistema.

Um problema crítico para o algoritmo Fuzzy c-means é como determinar o número ótimo de clusters. Só pode detetar agregados com a mesma forma e orientação. Também não há garantias de que o Fuzzy c-means converge para uma solução óptima.

3.3.11   O fuzzy c-means

O algoritmo de agrupamento Fuzzy c-means baseia-se na minimização de uma função objetivo:

$$J(Z;U,V) = \sum_{i=1}^{c} \sum_{k=1}^{N} (\mu_{ik})^m \lVert z_k - v_i \rVert^2$$

3.12

Where, $Z = [z_1, z_2, \ldots\ldots, z_N]$

is the data set.   3.13

$$v = (v_1, v_2, \ldots v_c)^T$$

is the center vector   3.14

m >1 é o expoente de ponderação.

$$U = [\mu_{ik}]_{c \times N}$$

3.15

representa a matriz de partição fuzzy, as suas condições são :

$$\mu_{ij} \in [0,1], 1 \leq i \leq c, 1 \leq k \leq N \qquad \text{3.16}$$

$$\sum_{i=1}^{c} \mu_{ik} = 1 \qquad \text{3.17}$$

- *Inicializar a matriz de partição difusa U e especificar o número de clusters.*

- *Repetir para l=1, 2,.*

- *C omputar os protótipos de agrupamento (médias):*

$$v_i = \frac{\sum_{k=1}^{N} (\mu_{ik})^m x_k}{\sum_{k=1}^{N} (\mu_{ik})^m} \qquad \text{3.18}$$

- Calcular as distâncias :

$$d_{ikA}^2 = (x_k - v_i)^T \underset{30}{A} (x_k - v_i)$$

3.19

- Atualizar a matriz de partição

$$\mu_{ik} = \frac{1}{\sum_{j=1}^{c} (d_{ikA} / d_{jkA})^{2/(m-1)}} \qquad \text{3.20}$$

Until

$$\left\| U^l - U^{l-1} \right\| < \varepsilon \qquad \text{3.21}$$

Caraterísticas:

- *O Fuzzy c-means só pode detetar agrupamentos com forma de círculo, uma vez que utiliza a norma de distância euclidiana padrão.*

- *A escolha correta do parâmetro de ponderação (m) é importante: à medida que m se aproxima de um, a partição torna-se difícil, se se aproximar do infinito, a partição torna-se maximamente difusa.*

- *Não há garantia de que a solução seja óptima, uma vez que pode entrar num mínimo local*

3.3.12 Validade do agrupamento

Uma das principais questões no domínio do agrupamento é a forma de avaliar o resultado do agrupamento de um algoritmo. Este problema é designado por validade do agrupamento. O problema da validade do agrupamento consiste em encontrar uma função objetiva para determinar a qualidade de uma partição gerada por um algoritmo de agrupamento. Este tipo de critério permite atingir três objectivos:

(i)   Para comparar os resultados de algoritmos de agrupamento alternativos para um conjunto de dados.

(ii)   Para determinar o melhor número de clusters para um determinado conjunto de dados (por exemplo, a escolha do parâmetro c para o FCM).

(iii) Para determinar se um determinado conjunto de dados contém alguma estrutura (ou seja, se existe um agrupamento natural do conjunto de dados).

3.4 Sistema de Inferência Fuzzy

3.4.1   Introdução

A modelação difusa, baseada na teoria dos conjuntos difusos proposta por Zadeh, tem sido amplamente investigada. O objetivo de todo o exercício é construir relações difusas, que são expressas por um conjunto de proposições linguísticas derivadas, quer da experiência de um operador qualificado, quer de um conjunto de dados de entrada observados. Mamdani utilizou a forma de modelo fuzzy da Regra de Inferência Composicional (CRI) para interpretar a experiência do operador no tratamento de operações simples. Contudo, para alguns sistemas complexos, é impossível estabelecer esse modelo difuso baseado no conhecimento devido a um grande número de proposições difusas e a uma relação difusa multidimensional altamente complicada. Mais tarde, o trabalho pioneiro de Takagi e Sugeno [5] sobre modelação e controlo difusos deu origem a vários trabalhos na literatura que são designados por abordagens baseadas em modelos múltiplos. A ideia básica destas abordagens consiste em decompor o complicado espaço de entrada em subespaços e depois aproximar o item representado em cada subespaço através de um modelo de regressão simples. Assim, o modelo fuzzy global é considerado como uma combinação de subsistemas interligados com um modelo mais simples. Utilizando a decomposição semelhante do espaço de entrada, o modelo CRI interpola entre hiper-superfícies paralelas, dependendo da imprecisão em torno das hiper-superfícies paralelas. Por outro lado, o modelo TS interpola entre as hiper-superfícies inclinadas, resultando numa única hiper-superfície.

3.4.2   Modelos Fuzzy

Os modelos difusos são bases de regras em que as regras descrevem relações entre as variáveis sob a forma de declarações **IF-THEN**. As regras dos modelos difusos mapeiam regiões difusas no espaço do produto das premissas para outras regiões no espaço dos consequentes. O mecanismo de inferência permite a interpolação entre as regiões mapeadas. Dependendo da forma das regras e do mecanismo de inferência utilizado, existem diferentes tipos de modelos difusos. De entre eles, as implicações difusas e o método de raciocínio difuso proposto por Takagi - Sugeno parecem ser os mais adequados para a modelação difusa. Seguem-se os dois modelos difusos mais utilizados:

- Modelo CRI

Cada regra de um modelo fuzzy baseado na Regra de Inferência Composicional (CRI) mapeia subconjuntos fuzzy no espaço de entrada $A^k \subset R^{nk}$ para um subconjunto fuzzy no espaço de saída $B^k \subset R$, e tem a forma:

$$R^{nk} : if\ x_1\ is\ A_1^{\ k} \wedge x_2\ is\ A_2^{\ k} \wedge .... x_{nk}\ is\ A_{nk}^{\ k}\ then\ y\ is\ B^k \qquad 3.22$$

com k=1 ....m, sendo m o número de regras. Cada regra tem como premissa o seu próprio *vetor* de entradax^k, em que $x^k \subseteq x$; x é a entrada completa do sistema. A_i^k são as etiquetas linguísticas dos conjuntos fuzzy que descrevem a natureza qualitativa da variável de entrada x_i. Λ é um operador de conjunção fuzzy. B^k são os rótulos lingüísticos dos conjuntos fuzzy que descrevem o estado qualitativo da variável de saída y. A força de disparo da k^{th} regra obtida tomando a T-norm (usualmente min ou operador de produto) das funções de membro das partes premissas da regra é:

$$\mu^k(x^k) = \mu_1^k(x_1) \wedge \mu_2^k(x_2) \wedge \mu_3^k(x_3) \wedge ....\wedge \mu_{nk}^k(x_{nk}) \qquad 3.23$$

Em que $\mu^k(x^k)$ é a função de pertença do conjunto difuso A_i^k. A força de disparo da regra k^{th} é também representada como um conjunto difuso $A^k \subset R^{nk}$ no espaço de entrada. Assim, a equação 3.22 pode ser reescrita como:

$$R^k \; : \; if \; x^k \; is \; A^K \; then \; y \; is \; B^k \qquad\qquad 3.24$$

Seja $\Phi^{(k)}(y)$ a função de filiação do conjunto fuzzy $B^k \subset R$ no espaço de saída. $\Phi^{(k)}(y)$ pode ter qualquer forma do tipo função convexa com área e centroide tais que

$$\text{Area} \, (B^k) \; = \; v_k$$

$$= \int_y \Phi^k(y) \; dy \qquad\qquad 3.25$$

e, Centroid (B^K) bk=

$$= \frac{\displaystyle\int_y y\,\Phi^k(y)\,dy}{\displaystyle\int_y \Phi^k(y)\,dy} \qquad\qquad 3.26$$

Assim, B^K pode ser escrito em forma funcional como $B^k\,(b_k,\, v_k)$. Utilizando a norma T para mapear subconjuntos difusos do espaço de entrada $A^k \subset R^{,n''}$ para o subconjunto difuso no espaço de saída $B^k \subset R$, obtém-se um subconjunto difuso de mapeamento B *^{k}:

$$\Phi^{*k}(y) = \mu^k(x^k) \wedge \Phi^k(y) \qquad\qquad 3.27$$

A norma S (normalmente o operador de soma ou máximo) é utilizada no espaço de saída para juntar toda a região mapeada no espaço de saída. O conjunto fuzzy agregado na região de saída é obtido a partir de:

$$B^0 = B^{*1} \vee B^{*2} \vee B^{*3} \vee \ldots\ldots\ldots \vee . B^{*m} \qquad\qquad 3.28$$

Em que $\vee$ é um operador de disjunção difusa (geralmente da norma S) e o método da gravidade média ponderada para a defuzzificação. A saída defuzzificada y^0 é dada por:

$$y^0 = \frac{\int_y y\Phi^0(y)\,dy}{\int_y \Phi^0(y)\,dy} \qquad\qquad 3.29$$

Em que $\Phi^{(0)}(y)$ é a função de membro resultante de $B^0 \subset R$ no espaço de saída.

- Modelo T-S (Modelo Takagi - Sugeno)

A principal motivação para desenvolver este modelo é reduzir o número de regras exigidas pelo modelo de Mamdani, especialmente para problemas complexos e de elevada dimensão. Para isso, o modelo TS substitui os conjuntos fuzzy na parte consequente (depois) da regra de Mamdani por uma equação linear das variáveis de entrada.

O modelo fuzzy sugerido pela TS no ano de 1985 pode representar ou modelar uma classe geral de sistemas não lineares estáticos ou dinâmicos. Baseia-se na partição difusa do espaço de entrada e pode ser visto como a expansão da partição linear por partes. Assim, este modelo aproxima um sistema não linear com uma combinação de vários sistemas lineares, decompondo de forma difusa todo o espaço de entrada em subespaços e representando cada subespaço com cada equação linear. Pode descrever um sistema altamente não linear utilizando um pequeno número de regras. Além disso, devido à forma explícita da representação funcional, é conveniente identificar os seus parâmetros utilizando alguns algoritmos de aprendizagem. A inferência efectuada pelo modelo TS é uma interpolação de todos os modelos lineares relevantes. O grau de pertinência de um modelo linear é determinado pelo grau de pertença dos dados de entrada ao subespaço fuzzy associado ao modelo linear. Estes graus de peso tornam-se o peso no processo de interpolação. A identificação de um modelo fuzzy TS utilizando dados de entrada-saída consiste em duas partes: (i) identificação da estrutura (construção de regras) e (ii) identificação dos parâmetros (fixação dos parâmetros das premissas e do consequente em cada regra). Os parâmetros consequentes são os coeficientes das equações lineares.

As implicações difusas são formadas pela partição difusa do espaço de entrada. A premissa de uma implicação difusa determina um subespaço difuso do espaço de entrada, o consequente de uma implicação difusa exprime uma relação de regressão linear entrada-saída que é válida no subespaço apropriado. O modelo TS baseia-se na ideia de encontrar um conjunto de estruturas lineares sábias por partes para descrever uma relação não linear.

Cada implicação (regra) no modelo TS define um hiperplano no espaço do produto premis-consequente. O resultado global do modelo é calculado por uma soma ponderada de cada um dos consequentes da regra.

As regras do modelo T-S são da seguinte forma:

$$R^K : \quad if \quad x^k \quad is \quad A^K \quad then \quad y \quad is \quad f^k(x^k) \qquad\qquad 3.30$$

Uma forma linear de $f^k(x^k)$ em equação é a seguinte:

$$f^k(x^k) = b_{k0} + b_{k1} + b_{k2} + \ldots\ldots\ldots\ldots + b_{knk}x_{nk} \qquad\qquad 3.31$$

Onde $f^k(x^k)$ define um modelo localmente válido no suporte do produto cartesiano dos conjuntos fuzzy que constituem a parte da premissa. A força de ativação de cada regra é calculada utilizando a equação (3.23). A força de ativação normalizada para o cálculo normalizado ou a força de ativação não normalizada para o cálculo não normalizado é então multiplicada pela função de saída $f^k(x^k)$. A forma normalizada da saída global do modelo T-S é definida como:

$$y^0 = \sum_{k=1}^{m} \frac{\mu^k(x^k).f^k(x^k)}{\sum_{k=1}^{m} \mu^k(x^k)} \qquad\qquad 3.32$$

Takagi e Sugeno podem exprimir uma relação funcional altamente não linear utilizando um pequeno número de regras e a sua aplicação potencial é grande.

CAPÍTULO IV

IDENTIFICAÇÃO DO PROBLEMA

4.1 Introdução

O nosso interesse reside principalmente na identificação e controlo de sistemas dinâmicos não lineares desconhecidos. O problema da identificação consiste em estabelecer um modelo de identificação adequadamente parametrizado e ajustar os parâmetros do modelo para otimizar uma função de desempenho baseada no erro entre a planta e as saídas do modelo de identificação.

Os sistemas difusos são aproximadores universais. A identificação difusa é uma ferramenta eficaz para a aproximação de sistemas não lineares incertos com base em dados medidos [19]. Entre as diferentes técnicas de modelação difusa, o modelo Takagi-Sugeno (TS) [20] é o que tem atraído mais atenção. Uma grande parte da investigação sobre o modelo fuzzy TSK e a sua aplicação a sistemas reais tem sido realizada devido à sua capacidade de tratamento eficiente e efetivo de sistemas não lineares e ao seu bom desempenho em aplicações reais [1, 2]. O modelo fuzzy TSK pode apresentar sistemas não lineares estáticos e dinâmicos.

O modelo fuzzy TSK tem partes consequentes que consistem em funções lineares e pode ser visto como uma expansão da partição linear por partes. Este modelo consiste em regras "se-então" com antecedentes difusos e funções matemáticas na parte consequente. O agrupamento difuso tem sido amplamente utilizado para obter as funções de pertença dos antecedentes [21, 22, 23], enquanto os parâmetros das funções dos consequentes podem ser estimados utilizando métodos lineares de mínimos quadrados. Este modelo tem a seguinte forma:

Rule i: If x_1 is A_{i1} and x_n is A_{in}

$$\text{THEN } y_i = c_{i0} + c_{i1} + \dots + c_{in}x_n \tag{4.1}$$

Onde, i -1,2,.........., I, I o número de regras IF-THEN é, $c_{ik}\,'s(k = 0,1,....,n)$ são os parâmetros consequentes. y_i é uma saída da i^{th} regra IF -THEN, e A_{ij} é um conjunto fuzzy.

Dada uma entrada $(x_1, x_2, \dots ,x_n)$, a saída final do modelo fuzzy utilizado é inferida da seguinte forma:

$$y = \sum_{i=1}^{l} w_i y_i \qquad\qquad 4.2$$

Em que, y_i é calculado para a equação consequente da i^{th} implicação e o peso w_i implica o valor de verdade global da premissa da i^{th} implicação para a entrada, e calculado como

$$w_i = \prod_{k=1}^{n} A_{ik}(x_k) \qquad\qquad 4.3$$

Em que são utilizadas funções de filiação gaussianas para representar os conjuntos difusos

$$A_{ik}(x_k) = \exp\left(-\frac{(x_k - a_{ik})^2}{\sigma_{ik}^{2}}\right) \qquad\qquad 4.4$$

sendo a_{ik} o centro e σ_{ik}, a variância da curva gaussiana.

De (4.1) e (4.2)

$$y = \sum_{k=0}^{n} \sum_{i=1}^{l} w_i c_{ik} x_k \qquad\qquad 4.5$$

4.2 Definição do problema do presente trabalho

O presente trabalho de investigação tem por objetivo envidar esforços para o desenvolvimento de um modelo fuzzy TS para a identificação de uma instalação não linear. Com base na pesquisa exaustiva da literatura, foi feita uma tentativa de conceber um controlador para um sistema não linear.

A fim de examinar o desempenho da abordagem proposta no presente trabalho, foram estudados vários exemplos de referência de identificação e previsão.

A. Identificação de dados não lineares de plantas

Este exemplo trata da modelação de uma planta não linear de segunda ordem [23]. A planta a ser identificada é descrita pela equação de diferenças de segunda ordem:

$$y(k) = f(y(k-1), y(k-2)) + u(k)$$

onde

$$f(y(k-1), y(k-2)) = \frac{y(k-1)\,y(k-2)[y(k-1)-0.5]}{1 + y^2(k-1) + y^2(k-2)} \qquad\qquad 4.6$$

No presente trabalho, foi desenvolvido um modelo fuzzy adequado que pode efetivamente aproximar os componentes não lineares y(k-l), y(k-2)) da instalação.

B. *Operação humana numa fábrica de produtos químicos*

No segundo exemplo, a abordagem de modelação fuzzy TSK foi utilizada para lidar com um modelo de controlo de um operador de uma fábrica de produtos químicos.

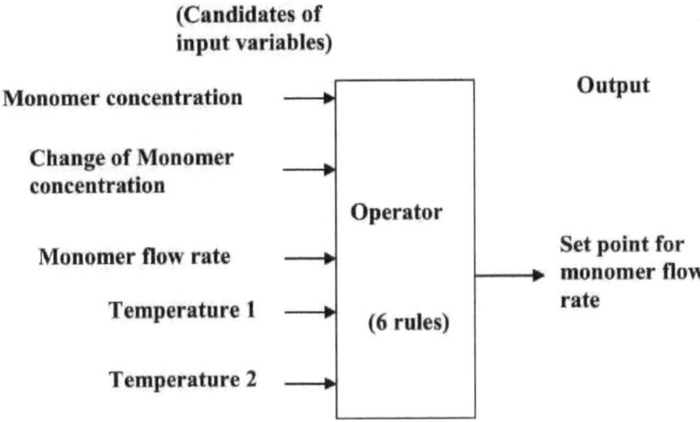

Fig.4.1. Estrutura de funcionamento da fábrica

C. *Identificação e controlo de dados não lineares de plantas.*

Os controladores difusos têm vindo a suscitar um enorme interesse por parte de diversas comunidades industriais. A sua utilização como alternativa aos controladores convencionais para sistemas de controlo complexos está a ser investigada. Particularmente nos sistemas em que o conhecimento qualitativo do operador experiente é essencial para a execução do sistema de controlo, a utilização do controlo lógico difuso é útil. A sua vantagem em relação ao controlo convencional é que não é necessário um conhecimento preciso do processo (sistema) e pode lidar eficazmente com as incertezas no processo de controlo. Também pode ser utilizado para incorporar a perícia e a experiência humanas no sistema. Para controlar um sistema dinâmico incerto (processo), é adequado representar o sistema numa forma funcional não linear. Para o efeito, o sistema não linear é primeiro representado como um modelo fuzzy. O controlo é então efectuado com base no modelo fuzzy identificado.

Foi possível obter bons resultados de previsão com o modelo difuso identificado. No entanto, devemos ter em atenção que os bons resultados de previsão nem sempre são garantidos durante um longo período de tempo, por exemplo, vários anos. A dinâmica de um sistema de controlo complexo muda gradualmente em função de muitos factores ambientais durante um longo período de tempo. Uma abordagem para ultrapassar esta dificuldade consiste em introduzir uma auto-aprendizagem. Consideramos aqui o problema do controlo de uma planta que é descrita pela equação de diferenças:

$$y_p(k+1) = f\left[y_p(k), y_p(k-1)\right] + u(k)$$

where

$$f\left[y_p(k), y_p(k-1)\right] = \frac{y_p(k)\, y_p(k-1)[y_p(k)+2.5]}{1 + y_P^2(k) + y_P^2(k-1)} \qquad 4.7$$

CAPÍTULO V

IMPLEMENTAÇÃO DO PRESENTE TRABALHO

O presente trabalho trata do desenvolvimento de um modelo fuzzy TS para um problema de referência conhecido de identificação de uma planta não linear cujos dados estão disponíveis. Os passos seguintes compreendem a metodologia que foi seguida para a execução do trabalho:

(i)   Estudo das várias técnicas existentes para a identificação de sistemas, bem como das suas limitações.

(ii)   Seleção de um problema da indústria ou através dos dados disponíveis na literatura.

(iii)   A construção de um modelo baseado em regras fuzzy utilizando o seguinte algoritmo a partir de um conjunto de dados de treino para a planta não linear envolve os seguintes passos:

Algoritmo:

Etapa 1: Seleção do tipo de modelos fuzzy. (O modelo fuzzy baseado em regras no presente problema é um modelo TSK).

Passo 2: Cálculo das funções de filiação adequadas utilizadas para dividir o espaço de entrada.

Passo 3 : Determinação das funções de membro e do número de regras "se-então" através da aplicação do FCM Clustering.

Passo 4: Identificação dos parâmetros das funções de afiliação antecedentes.

Etapa 5: Aprendizagem dos parâmetros utilizando a técnica de otimização não linear.

(iv)   Definição de vários pressupostos necessários relacionados com o problema.

(v)   Analisar os resultados e verificar através de simulações.

CAPÍTULO-VI

RESULTADOS DA SIMULAÇÃO

6.1 Resultados e discussão

A. Identificação de dados não lineares de plantas

Este exemplo trata da modelação de uma planta não linear de segunda ordem [22] descrita pela equação (4.6). O autor utilizou as seguintes técnicas para construir um modelo baseado em regras fuzzy a partir de um conjunto de dados de treino para esta central não linear:

(I)O modelo baseado em regras difusas é um modelo TSK.

(2)   As funções de afiliação gaussianas são utilizadas para particionar o espaço de entrada.

(3) O algoritmo de agrupamento fuzzy C-means (FCM) é utilizado para identificar os parâmetros antecedentes para uma partição dispersa do espaço de entrada.

(4)   Os parâmetros consequentes são identificados utilizando o algoritmo *de descida de gradiente* (GD).

(5)   O número de regras é determinado utilizando o método FCM Clustering.

A componente não linear f da planta, que é normalmente designada por "sistema não forçado" na literatura sobre controlo, tem um estado de equilíbrio (0, 0) no espaço de estados. Isto implica que, enquanto estiver em equilíbrio sem uma entrada, a saída da planta é a sequência $\{\theta\}$.

Pretende-se aproximar a componente não linear 'f' utilizando o modelo fuzzy TSK. Para este efeito, foram gerados 100 pontos de dados simulados a partir da equação do modelo da fábrica, assumindo um sinal de entrada aleatório $u\ (\kappa)$ uniformemente distribuído em [1,5, 1,5]. A Fig.6.1. mostra a saída simulada da planta e o sinal de entrada correspondente.

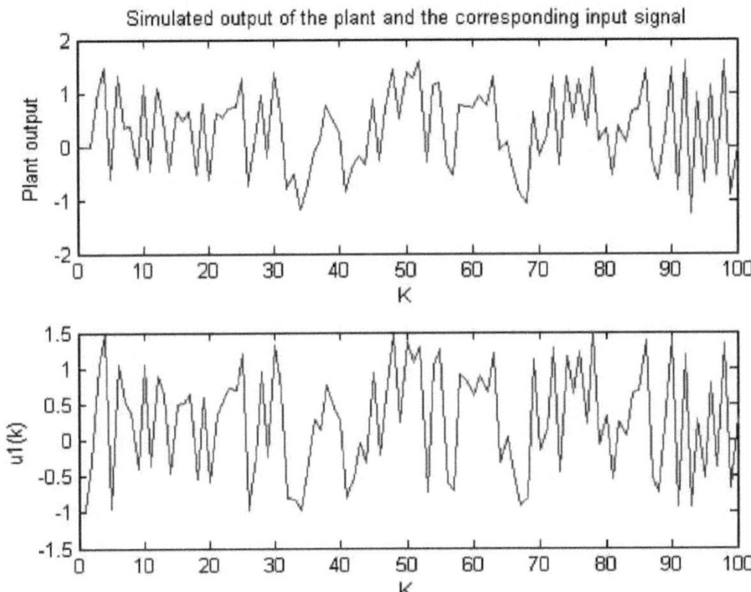

Fig.6.1. Saída simulada da planta e o sinal de entrada correspondente

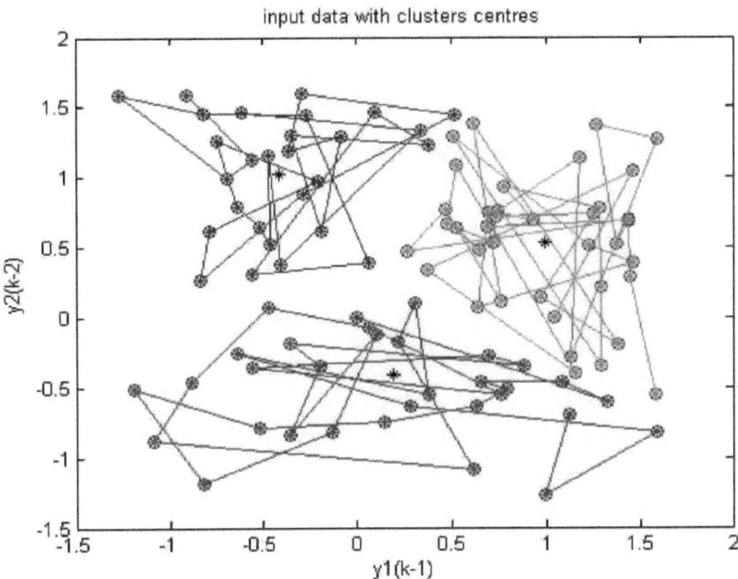

Fig.6.2. Clusters determinados pelo fuzzy c-means clustering

43

y(k-l) e y(k-2) são escolhidos como variáveis de entrada. As funções gaussianas foram utilizadas para exprimir as funções de afiliação de y(k-l) e y(k-2). As três funções de afiliação Gaussianas bidimensionais podem ser vistas como o produto de duas funções de afiliação unidimensionais para as variáveis de entrada y(k-l) e y(k-2). Os centros e as larguras das 3 funções de afiliação gaussianas foram determinados utilizando o agrupamento fuzzy c-means. A Fig. 6.2. mostra os três grupos determinados pelo agrupamento fuzzy c-means.

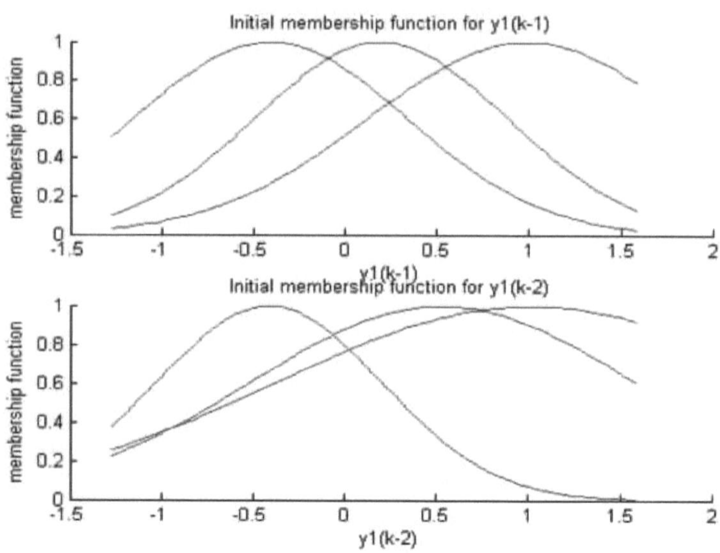

Fig.6.3. Funções de afiliação iniciais por FCM Clustering

O treino é composto por duas fases. Na primeira fase, o agrupamento FCM foi utilizado para encontrar os centros (a_1, a_2,............, a_l) e a largura das funções de associação:

$$\sigma_{i,j}^2 = \frac{\sum_{k=1}^{n} \mu_{i,k}(x_{j,k} - a_{j,k})^2}{\sum_{k=1}^{n} \mu_{i,k}}$$

Na segunda fase, foi utilizado o método de descida do gradiente para minimizar a função de erro.

$$E = \sqrt{\frac{1}{N}\sum_{k=1}^{N}(y^* - y)^2}$$

onde, y e y denotam as saídas de um modelo difuso e de um sistema real, respetivamente e N=2.

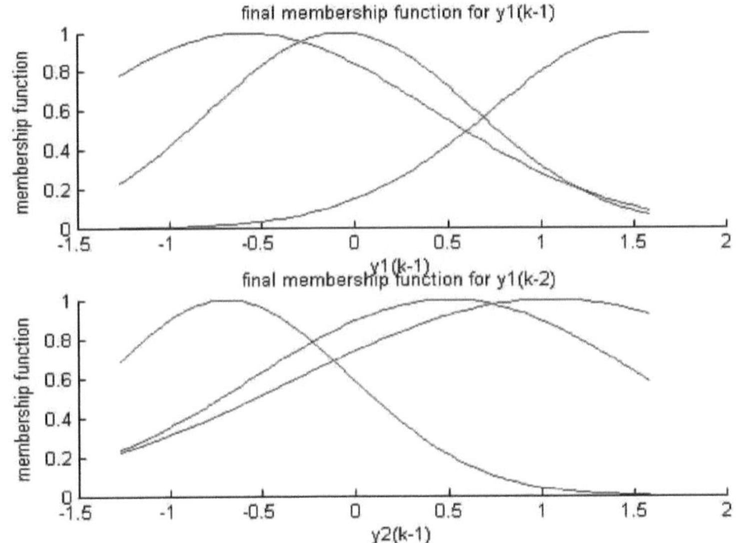

Fig.6.4. Funções de afiliação finais para as variáveis de entrada y(k-l) e y(k-2)

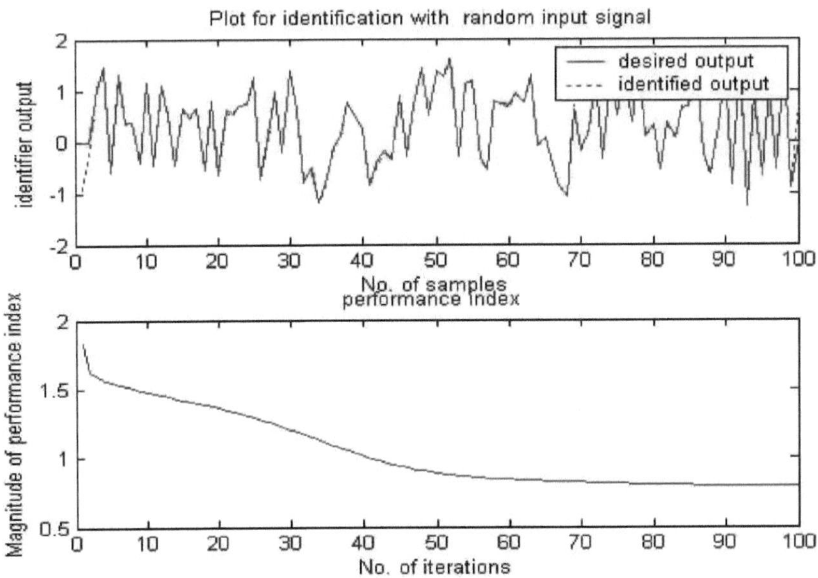

Fig.6.5. (a) Gráfico para identificação com sinal de entrada aleatório

Fig.6.5. (b) Índice de desempenho para a identificação de uma planta não-linear

A Fig. 6.4. mostra os valores finais das funções de afiliação para as variáveis de entrada y(k-

l) e y(k-2). A Fig.6.5. (a) mostra a saída real e a saída desejada vs. o número de amostras, o que indica claramente que a saída real está a seguir a saída desejada com bastante precisão. A Fig.6.5. (b) mostra o índice de desempenho versus o número de iterações.

B. *Operação humana numa fábrica de produtos químicos*

A fábrica destina-se a produzir um polímero através da polimerização de alguns monómeros. Existem cinco candidatos de entrada, que um operador humano pode utilizar para o seu controlo, e uma saída, ou seja, o seu controlo.

São os seguintes:

ul: concentração do monómero,

u2: variação da concentração do monómero,

u3 : caudal do monómero,

u4, u5: temperaturas locais no interior da instalação

y: ponto de regulação do caudal de monómero

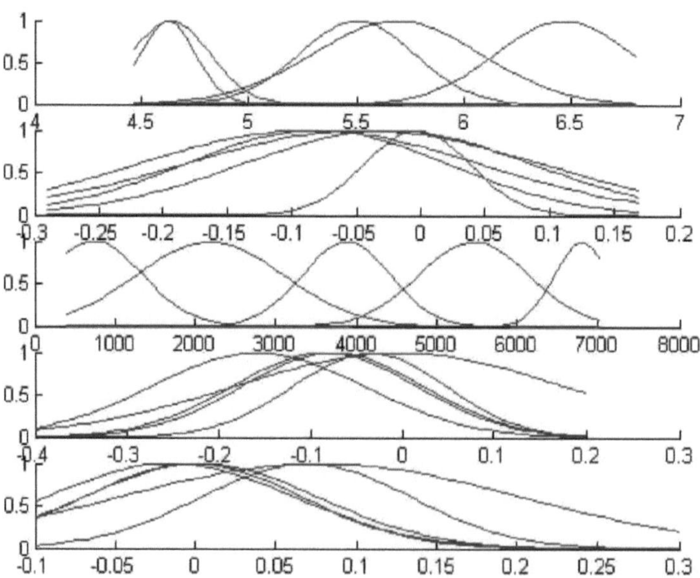

Fig.6.6. Funções de afiliação do modelo TS para uma fábrica de produtos químicos com base em cinco entradas

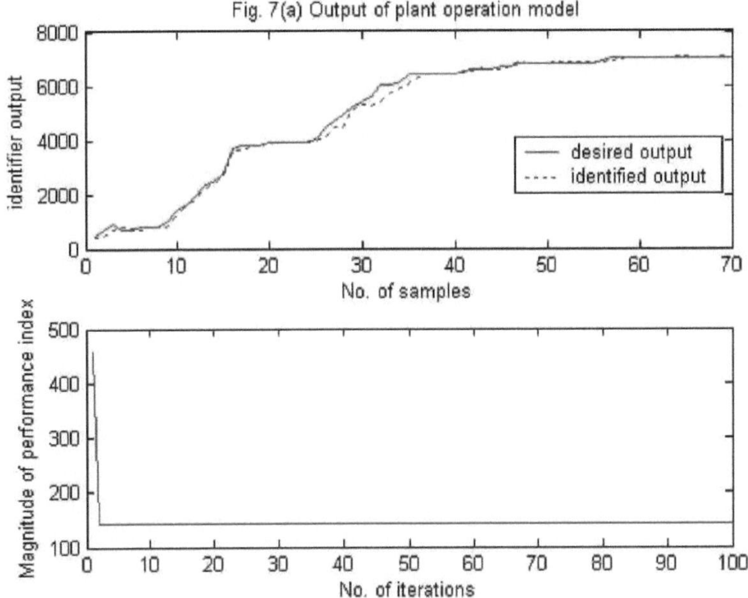

Fig.6.7. (a) Gráfico para identificação com sinal de entrada aleatório

Fig.6.7. (b) Índice de desempenho para a identificação da planta não-linear

São retirados de [6] 70 pontos de dados das seis variáveis acima referidas do funcionamento efetivo da fábrica. Os primeiros seis grupos são encontrados pelo método de agrupamento FCM, o que implica seis regras no caso presente. A Fig.6.6. mostra os valores finais das funções de associação para as cinco variáveis de entrada. A Fig. 6.7. (a) mostra a saída real e a saída desejada versus o número de amostras, o que indica claramente que a saída real está a seguir a saída desejada com bastante precisão. A Fig.6.7. (b) mostra o índice de desempenho versus o número de iterações.

C. *Identificação e controlo de dados não lineares de plantas.*

Este exemplo trata da modelação de uma planta não linear de segunda ordem [22]. A planta a ser identificada é descrita pela equação de diferenças de segunda ordem (4.7). A componente não-linear ' f 'da planta, que é geralmente chamada de "sistema não forçado" na literatura de controlo, tem um estado de equilíbrio (0, 0) e (2, 2), respetivamente no espaço de estado . Isto implica que, enquanto estiver em equilíbrio sem uma entrada, a saída da planta é uniformemente limitada para as condições iniciais (0, 0) e (2, 2).

No processo de identificação, pretende-se aproximar a componente não linear *f* utilizando o modelo fuzzy TSK. Para o efeito, foram gerados 50 pontos de dados simulados a partir do modelo da instalação. A entrada para a planta e para o modelo foi uma sinusoide *p(k) = sin(2*pi*k/25)*.

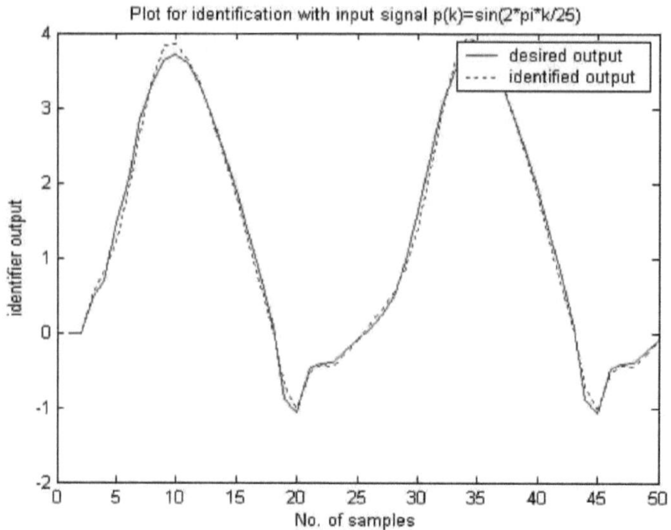

Fig.6.8 Gráfico para identificação com sinal de entrada aleatório

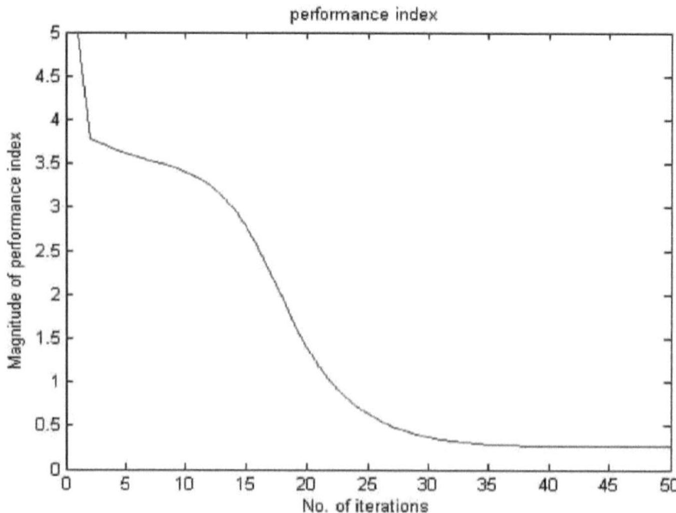

O número de regras difusas é arbitrariamente fixado em 5. A Fig. 6.8. mostra a saída real e a saída pretendida versus o número de amostras, o que indica claramente que a saída real está a seguir a saída pretendida com bastante precisão.

Uma vez que a planta tenha sido identificada com o nível de precisão desejado, a ação de controlo pode ser iniciada de modo a que a saída da planta siga a saída de um modelo de referência estável. $r(k) = sin(2*pi*k/50)$ é uma entrada de referência limitada. O modelo TSK é utilizado para a conceção de um controlador. O erro () e a variação do erro () são escolhidos como variáveis de entrada.

O número de regras fuzzy é arbitrariamente fixado em 5. Na primeira fase, a planta desconhecida foi identificada off-line utilizando uma entrada sinusoidal $p(k)$. Na segunda fase, utilizando o modelo de identificação resultante, os parâmetros do controlador foram ajustados utilizando o algoritmo de aprendizagem de descida de gradiente.

A Fig. 6.9 mostra o índice de desempenho em função do número de iterações. A Fig.6.10. mostra o quadrado do erro em relação ao número de iterações para o controlador.

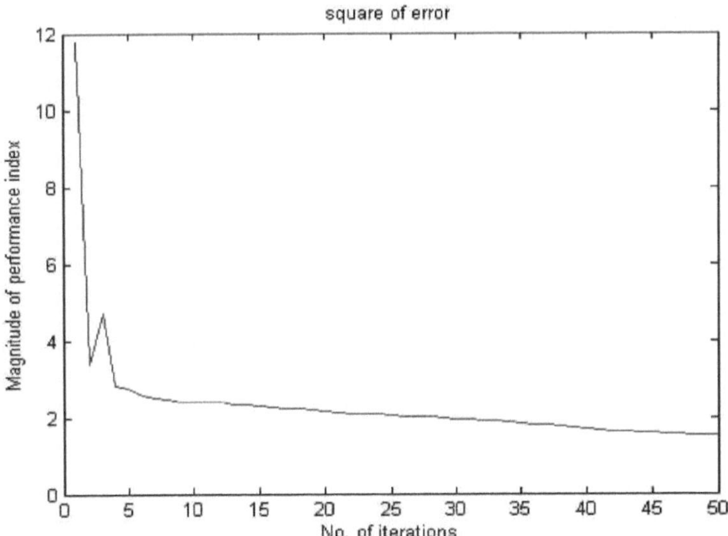

Fig.6.10. Gráfico do quadrado do erro vs. número de iterações para o controlador

6.2 Conclusão

Um modelo fuzzy TS foi implementado com sucesso num problema de referência conhecido de identificação de dados não lineares de uma fábrica. A abordagem baseada no agrupamento FCM foi utilizada para a classificação dos pontos de dados de entrada-saída. Após o agrupamento, o método de descida do gradiente é utilizado para a aprendizagem dos parâmetros. Também foi implementado num problema de dados reais, que é um modelo de controlo de um operador de uma fábrica de produtos químicos, e a precisão foi comparável aos resultados relatados na literatura.

6.3 Âmbito futuro

O agrupamento FCM é a abordagem básica para a classificação de dados de entrada-saída com várias limitações. No futuro, a abordagem avançada baseada em agrupamentos pode ser utilizada para a identificação e o controlo de sistemas dinâmicos não lineares. Também podem ser implementadas novas técnicas de modelação.

REFERÊNCIAS

[1]   Zadeh, L. A, "Outline of a new approach to the analysis of complex systems and decision processes", *IEEE Trans, on SMC,* Vol. 3, No.1, pp. 28-44, 1973.

[2]   Ta-Wei Hung, Shu-Cherng Fang, e Henry L.W. Nuttle, "An easily implemented approach to fuzzy system identification", NAFIPS. , Conferência Internacional da América do Norte, pp.492-496, junho de 1999.

[3]   Miroslav Pokorn e Miroslav Holuga, "Parameter identification of the fuzzy clusters membership grade functions", *IEEE International Conference on SMC,* Vol.3, pp.21382143, outubro de 1998.

[4]   Ali Ghodsi, "Efficient parameter selection for system identification", NAFIPS '04 IEEE, Vol.2, pp.27-30, junho de 2004.

[5]   T. Takagi e M. Sugeno, "Fuzzy identification of systems and its applications to modeling and control", *IEEE Trans, on Systems, Man and Cybernetics,* Vol. SMC-15, pp. 116-132, Jan/Fev.1985.

[6]   M. Sugeno e T. Yasukawa, "A fuzzy-logic-based approach to qualitative modeling", *IEEE Trans, on Fuzzy Systems,* Vol. 1,pp. 7-31, Fev.1993.

[7]   K. Tanaka, M. Sano, e H. Watanabe, "Modeling and control of carbon monoxide concentration using a neuro-fuzzy technique", *IEEE Trans, on Fuzzy Systems*, Vol. 3,No.3, pp.271-279,August 1995,.

[8]   S.L. Chiu, "Fuzzy model identification based on cluster estimation", *Journal of, Intelligent and Fuzzy systems*, Vol. 2 no 3, 1994.

[9]   Y. lin , G. Cunningham III , S.V. Coggeshall, "Input Variable identification - fuzzy curves and fuzzy surfaces", *Fuzzy Sets and Systems*, Vol. 82, pp. 65-71,1996.

[10]   John e Reza Langari, "Fuzzy logic, intelligent, control and information", Pearson Education, 2003.

[11]   M. Sugeno e G. T. Kang, "Structure identification of fuzzy model", *Fuzzy Sets and Systems*, Vol.28,pp.15-33, 1988.

[12]   R. Babuska, P. J. Vander veen, e U. Kaymak, "Improved covariance estimation for *Gustafson* Kessel clustering", Proc. *IEEE Conference on Fuzzy Systems*, Honolulu, maio de 2002.

[13]   Gath e A.B. Geva, "Unsupervised optimal fuzzy clustering", *IEEE Transactions on PatternAnalysis andMachineIntelligence,* Vol. 7, pp. 773-781, 1989.

[14]   R.R. Yager e D.P. Filev, "Approximate clustering via the mountain method", *IEEE Trans. System, Man and Cybernetics*, Vol. 24, 1279 -1284, 1994.

[15]   S.L. Chiu, "Fuzzy model identification based on cluster estimation", *Journal of. Intelligent and Fuzzy systems*, Vol. 2 no 3, 1994.

[16]   Wen-Yuan Liu, Chun-Jing Xiao, Bao-Wen Wang, Yan Shi, e Shu-Fen Fang, "Study on combining subtractive clustering with fuzzy c-means clustering", *IEEE Trans. Machine, Learning and Cybernetics*, Vol.5,

pp. 2659- 2662, 2003.

[17]   J. Abonyi, R. Babuska, e F. Szeifert, "Fuzzy modeling with multidimensional membership functions: Grey Box Identification and Control Design", *IEEE Trans. on SMC- B*, pp.755-767, outubro de 2001.

[18]   C. W. Xu e Y. Z. Lu, "Fuzzy model identification and self-learning for dynamic systems", *IEEE Trans. on Systems, Man and Cybernetics B,* Vol. SMC-17, pp. 683-689, julho/agosto de 1987.

[19]   Witold Pedrycz, "Fuzzy multimodels", *IEEE. Trans. on Fuzzy Systems*, Vol.4, No.2, pp.139148, maio de 1996.

[20]   R.R. Yager e D.P. Filev, "Identification of non-linear systems by fuzzy models", *Proc. Conferência Internacional sobre Sistemas Fuzzy*, pp.1401-1408, julho/agosto de 1987.

[21]   E. H. Mamdani, "Application of fuzzy algorithm for control of simple dynamic plant", *Proc. ofIEEE,* Vol. 121,No. 12,pp. 1585-1588, dezembro de 1974.

[22]   Kumpati S. Narendra, e Kannnan Parthasarathy, "Identification and control of dynamical systems using neural networks", *IEEE. Trans. on Neural Networks*, Vol.1, no.1, março de 1990.

[23]   P.C. Panchariya, A. K. Palit, D. Popovic, e A. L. Sharma, "Nonlinear system identification using Takagi-Sugeno type neuro-fuzzy model" IEEE Conference on Intelligent Systems, junho de 2004.

Printed by Books on Demand GmbH, Norderstedt / Germany